FORSCHUNGSBERICHT DES LANDES NORDRHEIN-WESTFALEN

Nr. 2622/Fachgruppe Textilforschung

Herausgegeben im Auftrage des Ministerpräsidenten Heinz Kühn
vom Minister für Wissenschaft und Forschung Johannes Rau

Prof. Dr. rer. nat. Giselher Valk
Dipl.-Ing. Reinhardt Werner Müller

Deutsches Textilforschungszentrum Nord-West e. V.
Textilforschungsanstalt Krefeld

Spannungsrißkorrosion an Polyamid- und Polyester-Multifilamentgarnen

WESTDEUTSCHER VERLAG 1977

Gesamtherstellung: Westdeutscher Verlag

ISBN 978-3-531-02622-0 ISBN 978-3-322-88366-7 (eBook)
DOI 10.1007/978-3-322-88366-7

I N H A L T

A. Zusammenfassung

1. Zehn handelsübliche Polyamid-Multifilamentgarne (3 aus PA-6 und 7 aus PA-66) unterschiedlicher Herkunft wurden hinsichtlich ihrer Anfälligkeit gegen Spannungsriß-korrosion untersucht. Dabei wurde den Parametern

   a) Behandlungsdauer
   b) Behandlungstemperatur
   c) Druck bei der Behandlung
   d) Faserfeinheit
   e) pH-Wert des Behandlungsbades
   f) UV-Lichtbestrahlung
   g) Zusätze zum Behandlungsbad (Metallionenkonzentration)
   h) Faservorgeschichte
   i) Fadenzugkraft bei der Behandlung

   besondere Aufmerksamkeit gewidmet.

2. Vier der zehn Polyamid-Multifilamentgarne (1 aus PA-6 und 3 aus PA-66) zeigten bei spannungsloser Behandlung im O_2-gesättigten Wasserbad von pH 8,2 bei einer Badtemperatur von 80 °C nach <u>Behandlungszeiten</u> von 10 - 27 h Spannungsrisse.

   Als Indikator für das Auftreten der Spannungsrisse wurde die Veränderung der Höchstzugkraft, der Höchstzugkraftdehnung und der partiellen Zugarbeit (5 - 10 % Dehnung) benutzt. Der empfindlichste Indikator ist die Abnahme der Höchstzugkraftdehnung. Sobald sie mehr als 40 % abgefallen war, konnten immer unter dem Lichtmikroskop bei 360-facher Vergrößerung Spannungsrisse beobachtet werden.

3. Unter Atmosphärendruck stellt die <u>Badtemperatur</u> von 80 °C ein Betriebsoptimum dar. Dies erklärt sich aus der gegenläufigen Temperaturabhängigkeit der Sauerstofflöslichkeit in Wasser und des Diffusionskoeffizienten von Wasser in Polyamid.

4. Sobald der Druck - und damit auch die Sauerstoffkonzentration - erhöht wird, werden die o.a. Polyamid-Multifilamentgarne sowohl mit steigender Temperatur (untersucht wurden Temperaturen bis 130 °C) als auch mit höheren Drucken (untersucht wurden Drucke bis p = $4{,}5 \cdot 10^5$ Pa) schneller geschädigt, wobei die Temperatur die größere Relevanz hat.

5. Der Einfluß der Faserfeinheit konnte anhand der zehn in dieser Arbeit verwendeten Polyamid-Multifilamentgarne nicht exakt geklärt werden. Es steht jedoch fest, daß die Grenzschichtdiffusion nicht geschwindigkeitsbestimmend ist, da die Zeiten bis zur Zerstörung so groß sind, daß die Diffusion nicht maßgeblich sein kann.

6. Einen sehr großen Einfluß hat der pH-Wert des Behandlungsbades. Sobald er von dem Wert 8,2 nach oben oder unten abweicht, verlängern sich die Behandlungszeiten bis zur Spannungsrißkorrosion erheblich. Dies erklärt sich aus der pH-Wert-Abhängigkeit der Diffusionsgeschwindigkeit von Sauerstoff in Polyamid - siehe Abb. 35, Punkt E. 2.6.

7. Durch die Bestimmung der Zunahme des Carbonylgruppengehaltes nach einer Behandlung im luft- bzw. O_2-gesättigten Wasserbad bei pH 8,2 und einer Badtemperatur von 80 °C konnte nachgewiesen werden, daß es sich bei diesem pH-Wert um eine oxidative Schädigung des Polyamids handelt.

8. In den pH-Wert-Bereichen von 1 - 7 und 9 - 14 handelt es sich - wie durch die Zunahme des Aminoendgruppengehaltes nachgewiesen wurde - um eine hydrolytische Schädigung. In der Nähe von pH 8,2 kann sich diese mit der oxidativen überlagern; so zeigten z.B. die Multifilamentgarne der Provenienz 8 und 10 (Abb. 30) bei pH 5 unter spannungsloser Behandlung eine schnellere Schädigung als bei pH 7.

9. Die Versuche unter zusätzlicher Einwirkung von UV-Lichtbestrahlung beweisen, daß die oxidative Schädigung

radikalisch verlaufen kann. So verkürzen sich die Behandlungszeiten bei spannungsloser Behandlung von 18 h auf 0,5 h - Provenienz 1, pH 8,2; T_{Bad}=80 °C, O_2-gesättigtes Wasserbad.

10. Der Einfluß der Faservorgeschichte auf die Spannungsrißkorrosion wurde am Beispiel eines thermo-mechanisch vorbehandelten PA-6-Multifilamentgarnes (Provenienz 1) untersucht. Dabei stellte sich heraus, daß sich bei einer spannungslosen Behandlung die Zeiten bis zum Sichtbarwerden des ersten Spannungsrisses durch die thermo-mechanische Vorbehandlung kaum verändern. Jedoch verlor das bei 200 °C spannungslos vorbehandelte PA-6-Multifilamentgarn schnell - nach ca. 8 h - den größten Teil seiner Festigkeit, ohne daß zu diesem Zeitpunkt Spannungsrisse sichtbar wurden. Sie konnten erst nach 20 h unter dem Mikroskop beobachtet werden.

11. Sobald während der Behandlung eine Zugkraft an die Faserproben angelegt wurde, änderte sich das Verhalten hinsichtlich der Anfälligkeit gegen Spannungsrißkorrosion. Unter kleinen feinheitsbezogenen Fadenzugkräften zeigten sowohl die meisten nicht vorbehandelten als auch die thermo-mechanisch vorbehandelten Multifilamentgarne ein deutliches Stabilitätsmaximum. Dieses liegt je nach Fasertyp im Bereich von 0,01 N/tex bis ca. 0,05 N/tex, meistens bei 0,02 N/tex. Werden die Spannungen weiter erhöht bis ca. 0,1 N/tex, so verkürzen sich die Stabilitätszeiten in jedem Fall erheblich. Es besteht eine Korrelation zwischen der Anfälligkeit auf Spannungsrißkorrosion und dem zu Beginn der Behandlung ausgelösten Schrumpf, jedoch nicht mit der Schrumpfkraft, die bei einem Aufheizen der Faserprobe entwickelt wird.

12. In unmittelbarem Zusammenhang mit den angelegten feinheitsbezogenen Fadenzugkräften während der Behandlung steht die Rißlage. So verändert sie sich von der Faserlängsachsenrichtung bei spannungsloser Behandlung zur

Querlage bei einer feinheitsbezogenen Fadenzugkraft von 0,1 N/tex. Im Stabilitätsmaximum bildet die Hauptrißebene mit der Faserlängsachse einen Winkel von 45°. Die Risse laufen dann spiralförmig um die Faser herum. Dieser Verlauf deutet auf ein Gleichgewicht zwischen den äußeren Spannungen und den im Innern durch die Quellung hervorgerufenen hin. Im Falle der Fasern mit einer Kern-Mantel-Struktur konnten diese Quellspannungen rechnerisch abgeschätzt werden.

13. Um den Einfluß der Gehalte an Faserzusatzstoffen,wie z.B. Chrom, Eisen, Kupfer, Mangan und Zink, auf die Spannungsrißkorrosion zu ermitteln, wurde versucht, ihre Konzentration durch Herauswaschen mit destilliertem Wasser zu beeinflussen. Dies schlug jedoch fehl, da sie offensichtlich in der Faser stabilisiert sind; deshalb wurde der umgekehrte Weg beschritten, indem die Mittel dem Behandlungsbad zugesetzt wurden. Hierbei zeigte sich ganz deutlich, daß sich die Konzentrationen von außen beeinflussen lassen. Die Fasern wurden in jedem Fall schneller zerstört als ohne Zusatzmittel. Als stärkster Katalysator der Schädigungen erwies sich Chrom(III)-chlorid. Ebenso wirkte das häufig als Färbehilfsmittel verwendete Sulfoxylat.

14. Aufgrund der vorliegenden Meßergebnisse kann festgestellt werden, daß die Spannungsrißkorrosion bei Polyamid ein ganz gezieltes Aufbrechen von Polymerketten im orientierten, nichtkristallinen Strukturbereich ist. Dieses Aufbrechen wird im pH-Wertbereich von 7 - 9 durch Oxidation und darunter und darüber durch Hydrolyse ausgelöst. Im Falle einer Oxidation beginnt die Reaktion an der N-vicinalen Methylengruppe, die in trans-Konformation vorliegt. Sie verläuft radikalisch und kann von außen z.B. durch höhere feinheitsbezogene Fadenzugkräfte beeinflußt werden. Der Reaktionsmechanismus konnte in früheren Institutsarbeiten [106,107,111] nachgewiesen werden.

B. Einleitung

1. Einführung

Die Spannungsrißkorrosion ist ein Phänomen, das bei Metallen schon lange bekannt und eingehend erforscht ist. Unter diesem Begriff wird nach DIN 50 900 die Rißbildung in Metallen unter gleichzeitiger Einwirkung bestimmter chemischer Agentien und äußerer und/oder innerer Spannungen verstanden. Es ist jedoch streng zwischen der Spannungsrißkorrosion und der Spannungsrißbildung zu unterscheiden, die eintreten kann, falls chemische Reaktionen keine oder eine vernachlässigbar kleine Rolle spielen. Für synthetische Werkstoffe gibt es noch keine entsprechende Norm.

BUCHMANN [1,2] hat im Jahre 1940 als erster auf die Gefahr einer Spannungsrißkorrosion bei PVC-Werkstoffen hingewiesen. Dabei führte er aus, daß beim Gebrauch solcher Materialien ein verstärkter, rißartig verlaufender Angriff stattfinden kann, der in seinen Auswirkungen der "Spannungskorrosion" der Leichtmetalle und der "Laugenrissigkeit" von Stählen ähnelt. Die ersten Versuchsergebnisse hierzu wurden 1941 von MATTHAES [3] veröffentlicht.

Während bei Metallen nach dem heutigen Stand der Kenntnis hauptsächlich ein elektrochemischer Prozeß als Ursache angenommen wird, sind diese Vorgänge bei synthetischen Werkstoffen anderer Natur.

Die nach grundlegenden Arbeiten [3] an Polymethacrylsäuremethylester(PMMA) einsetzenden Forschungen beschäftigten sich ausschließlich mit der Spannungsrißbildung bzw. Spannungsrißkorrosion an hochmolekularen Festkörpern der verschiedensten Abmessungen und Formen mit Ausnahme synthetischer Fasern. Die Ursachen der Spannungsrißkorrosion konnten aber bis heute nicht völlig geklärt werden.

Die Bearbeitung zahlreicher Schadensfälle aus der Industrie im Deutschen Textilforschungszentrum Nord-West in Krefeld ließ vermuten, daß die Spannungsrißkorrosion auch bei synthetischen Fasern auftritt und zu gravierenden Materialschädigungen führt. So hatten einige PES- und PA-Fasern ihre Zugfestigkeit nahezu verloren, ohne daß eine Molekulargewichtsveränderung meßbar war. Wegen der großen technischen Bedeutung der synthetischen Fasern ist eine Klärung dieser Versagensursachen sehr wichtig, da es in der Praxis zu großen Nachteilen in der Verarbeitung und Behandlung der hieraus erzeugten Artikel kommt. Ist der Abbaumechanismus einmal bekannt, wird es möglich sein, gezielte Stabilisierungsversuche durchzuführen.

Die vorliegende Arbeit beschränkt sich auf Polyamid- und Polyesterfasern unterschiedlicher Provenienz, da dieser Fehler bei ihnen am häufigsten beobachtet wurde.

2. Allgemeine Grundlagen

2.1 Zerstörungsvorgang in hochpolymeren Festkörpern

Wird ein elastischer Körper durch äußere Kräfte beansprucht, so werden in jeder Schnittebene Kräfte hervorgerufen. Der auf die Flächeneinheit des noch nicht verformten Querschnittes entfallende Anteil wird Spannung genannt (DIN 1350). Die Spannung in einem Punkt ist definiert als die Kraft, die pro Flächeneinheit in einer Ebene wirkt, die durch diesen Punkt geht. Zur näheren Charakterisierung der Spannung müssen ihre Größe, Richtung und der Angriffspunkt festgelegt sein. Genauso wie jeder andere Vektor kann der Spannungsvektor in verschiedene Komponenten zerlegt werden.

Um den Spannungszustand in einem Punkt einer Faser genau zu beschreiben, muß in diesem Punkt eine Kräftebilanz gemacht werden. Damit das ganze System im Gleichgewicht ist, müssen alle Spannungen im Gleichgewicht mit den äußeren Kräften stehen. Doch genügt es nicht, die Spannung in einem Punkt zu kennen, sondern es ist erforderlich, ihre Änderung von einem Ort zum anderen (das Spannungsfeld) zu beschreiben.
Es ist jedoch typisch für alle polymeren Werkstoffe, daß sie ein zeitabhängiges Verhalten zeigen, sie sind viskoelastisch. Das bedeutet, daß bei einer genauen Spannungsanalyse außer den drei räumlichen Koordinaten der Kräfte- und Spannungs-

komponenten auch die Zeit mit einbezogen werden muß. Außerdem ist es erforderlich, die Anisotropie und eventuell Inhomogenitäten des Materials zu berücksichtigen.

Die Betrachtungsweise eines homogenen isotropen Festkörpers kann also nicht aufrechterhalten werden, da die physikalischen Eigenschaften eines festen Polymeren von den über- und untergeordneten Strukturen bestimmt werden. Die Morphologie im Festkörper, d.h. die übergeordnete Struktur, wird - wie z.B. ANDREWS [4-6] und ZACHMANN [7] ausführen - einerseits durch die Primärstruktur, andererseits durch die physikalischen Herstellungsbedingungen (Temperatur, Zeit, bei Fasern z.B. Verstreckung) gesteuert. Gemäß der Molekülstruktur führen die Wechselwirkungen zu Strukturen höherer Ordnung, z.B. glasartigen und kristallinen Strukturen [8,9]. Welche Morphologie sich bildet, hängt von der Primärstruktur, der physikalischen Mikrostruktur, der Kinetik der Kristallisation hinsichtlich der Keimbildung und des Wachstums und den Herstellungsbedingungen ab. Dabei ist die physikalische Mikrostruktur eines Materials die Struktur oder Textur im mikroskopischen Maßstab (einschließlich Elektronenmikroskop). Sie kann sowohl homogen als auch heterogen sein.

Normalerweise kommen in einem festen Polymeren kristallisierte und amorphe Bereiche vor. Der Anteil und die Anordnung (Größe, Form, Orientierung und Ordnung) hängen wesentlich von den oben erwähnten Faktoren ab. Die Deutung der Morphologie ist nicht so einfach, da sämtliche spezifischen Eigenschaften der verschiedenen Strukturanteile berücksichtigt werden müssen.

Bei einer äußeren Beanspruchung kommt es daher in hochpolymeren Werkstoffen, wie z.B. synthetischen Fasern, nicht zu einer gleichmäßigen Spannungsverteilung, sondern einige Polymerketten sind schon bis an ihre Grenze belastet, während andere kaum beansprucht sind. Die belasteten sind eventuell gestreckt und in der Hauptspannungsrichtung ausgerichtet worden. Sobald die erste Kette reißt, müssen andere die Kräfte zusätzlich mit aufnehmen. Werden sie dadurch über ihre Belastbarkeit hinaus beansprucht, werden auch sie zerstört: es kommt primär zu einer Rißbildung und schließlich zum Bruch. Grundsätzlich kann die Faser auf zwei Arten zerstört werden:

a) Zerstören von Polymerketten, d.h. Aufbrechen von Hauptvalenzkräften
und
b) Abgleiten der Ketten aneinander, d.h. Auflösen von Nebenvalenzkräften.

Auf den ersten Blick erscheint die zweite Möglichkeit wahrscheinlicher, da die Nebenvalenzkräfte kleiner sind. Aber bei genauer Betrachtung wird offenbar, daß dies im statistischen Mittel nicht der Fall ist. So kann es z.B. bei einer Kettenverschlingung möglich sein, eher eine Hauptvalenzbindung zu zerstören, da die Gesamtnebenvalenzbindungskraft größer ist als die einer Hauptvalenzbindung.

Das gleiche gilt auch, falls eine Kette mit einer oder mehreren benachbarten mehr als 20 Wasserstoffbrücken bildet, d.h. die Summe der Nebenvalenzbindungen $> 20 \cdot (\sim 4 \frac{kcal}{mol})$ ist größer als eine C-C-Bindung von 80 $\frac{kcal}{mol}$. Es wird also in der Wirklichkeit beides möglich sein.

Die Überwindung solcher Kräfte kann nun auf verschiedene Weise geschehen:

a) radikalisch und
b) ionisch.

Die radikalische Zerstörung dieser Bindungen kann mechanisch, thermisch, oxidativ oder durch Strahlung induziert werden.

Die ionische Zerstörung kann durch Protonendonatoren oder -akzeptoren oder Homolyse induziert werden.

2.2 Struktur von Polyamid-6 und -66

Ein Verständnis des Zerstörungsvorganges eines hochpolymeren Festkörpers setzt also die Kenntnis der Polymerstruktur voraus. Aus diesem Grunde wird im folgenden die Primär-,

FORSCHUNGSBERICHTE
des Landes Nordrhein-Westfalen

Herausgegeben
im Auftrage des Ministerpräsidenten Heinz Kühn
vom Minister für Wissenschaft und Forschung Johannes Rau

Die »Forschungsberichte des Landes Nordrhein-Westfalen« sind in zwölf Fachgruppen gegliedert:

Wirtschafts- und Sozialwissenschaften
Verkehr
Energie
Medizin/Biologie
Physik/Mathematik
Chemie
Elektrotechnik/Optik
Maschinenbau/Verfahrenstechnik
Hüttenwesen/Werkstoffkunde
Metallverarb. Industrie
Bau/Steine/Erden
Textilforschung

Die Neuerscheinungen in einer Fachgruppe können im Abonnement zum ermäßigten Serienpreis bezogen werden. Sie verpflichten sich durch das Abonnement einer Fachgruppe nicht zur Abnahme einer bestimmten Anzahl Neuerscheinungen, da Sie jeweils unter Einhaltung einer Frist von 4 Wochen kündigen können.

WESTDEUTSCHER VERLAG
5090 Leverkusen 3 · Postfach 300 620

2.2.2 Sekundärstruktur

Aus den o.a. Polymerketten ergibt sich der physikalische Aufbau der Fasern, der je nach der Konfiguration, die durch die chemische Zusammensetzung festgelegt ist, und der Konformation der Ketten unterschiedlich sein kann.

Durch die vielen verschiedenen Möglichkeiten der Kettenlagen in einem hochpolymeren Werkstoff von einem Knäuel über teilgestreckt bis hin zur ganz gestreckten Lage bilden sich zwei Hauptstrukturanteile in der Faser aus, ein kristalliner und ein nichtkristalliner. Ein hochpolymerer Werkstoff kristallisiert im Gegensatz zu einem niedermolekularen nie vollständig. Es müssen daher folgende Strukturmerkmale beachtet werden:

a) Kristallaufbau, Größe bzw. Güte und Anordnung der Kristallite

b) Anordnung und Wechselwirkung der Ketten in den nichtkristallisierten Bereichen

c) Wechselwirkung zwischen kristallisierten und nichtkristallisierten Bereichen

Der nichtkristalline Anteil wird in den meisten Strukturmodellen [15-26] weiter aufgeteilt in einen isotropen und in einen anisotropen. Es ist jedoch schwierig, eine genaue Grenze zwischen den einzelnen Anteilen, die die makroskopischen Eigenschaften der Faser bestimmen, zu ziehen, da die Ketten alle drei Anteile durchlaufen können. Dabei können sich je nach Lage der Amidgruppen sowohl zwischen zwei Ketten (intermolekular) als auch zwischen Teilen einer Kette (intramolekular) - z.B. bei Kettenrückfaltungen - Wasserstoffbrücken ausbilden. Diese ordnen die Ketten oder Kettensegmente in sogenannte Rostebenen, die ihrerseits durch schwächere van der Waals'sche Kräfte aneinanderhaften und damit zum Aufbau eines dreidimensionalen Gitters führen können. Im Bereich des Kristallanteils müssen wegen der unterschiedlichen Kettenanordnungsmöglichkeiten [15,27, 28] drei Kristallmodifikationen [29] unterschieden werden:

α-(monoklin), $(\alpha=\beta=90^{o})$
β-(monoklin),
γ-(hexagonal).

Diese lassen sich einseitig durch Austausch thermischer Energie oder z.B. auch durch Verstrecken ineinander umwandeln [28,30,31].

Die Lage und die Beweglichkeit der Ketten oder der Kettenteile wird durch die Temperatur wesentlich beeinflußt. Erst oberhalb der Einfriertemperatur T_g [12,32] steigt die Beweglichkeit deutlich an und ermöglicht die Diffusion von Umgebungsfluiden innerhalb endlicher Geschwindigkeiten in die Faser.

2.2.3 Tertiärstruktur

Das Gemisch kristalliner und nichtkristalliner Bereiche bildet im Material übergeordnete Einheiten, die sich im Falle nichtorientierten Materials zu sogenannten Sphärolithen ordnen können. Das sind radialsymmetrische Gebilde, die bei einer Betrachtung in polarisiertem Licht oft ein schwarzes Kreuz aufweisen. Sie sind während der Kristallisation von einzelnen Keimen aus kugelförmig gewachsen, bis sie sich gegenseitig behinderten. Der Durchmesser beträgt 50 nm - 100 µm. Jeder einzelne Sphärolith besteht aus einer Vielzahl von kristallinen und nichtkristallinen Bereichen. Das schwarze Kreuz erklärt sich daraus, daß die Polymerketten bevorzugt senkrecht auf dem Sphärolithradius stehen. Ursache für eine solche Bildung ist u.a. die Diskrepanz zwischen der Keimbildungsgeschwindigkeit und der Kristallisationsgeschwindigkeit.

Durch das Abwechseln von nichtkristallinen mit kristallinen Bereichen kommt es zu periodischen Dichteschwankungen sowohl innerhalb eines Sphärolithen als auch im ganzen hochpolymeren Werkstoff. Durch Röntgen-Kleinwinkeluntersuchungen läßt sich der Schwerpunktabstand - der Langperiode genannt wird - zwischen den Kristalliten bestimmen. Er steigt mit der Kristallisationstemperatur und liegt im allgemeinen zwischen 5 und 100 nm. Eine fibrillenartige Überstruktur ist auch für orientierte Polymere (Fasern) nachgewiesen [18-25].

Bei einer äußerlich angelegten Spannung in Faserlängsrichtung werden die Kräfte durch die Mikrofibrillen übertragen, deren schwächstes Glied die orientierten, aber nichtkristallinen Bereiche sind. Hierin sind es besonders die gestreckten Verbindungsmoleküle, die u.U. durch alle drei Sekundärstrukturbereiche gehen können.

Es sei noch bemerkt, daß sich je nach den Abkühlbedingungen beim Spinnen in PA-Fasern eine radiale Strukturverteilung [33-35] ausbilden kann.

C. Stand der Forschung

1. Spannungsrißbildung

Beim Prozeß der Spannungsrißbildung entwickeln sich im Werkstoff Risse bei einer Spannung, die unterhalb der Kurzzeitfestigkeit liegt. Dieses Phänomen ist bei vielen Materialien, wie z.B. Glas, Metallen und hochmolekularen Werkstoffen, beobachtet worden. Zusammenfassende Beschreibungen hierüber finden sich in bezug auf hochpolymere Werkstoffe in den Arbeiten von HOWARD [37], ANDREWS [4], KAMBOUR [38], FISCHER [39], HENNING et al. [40] und STUART [36]. Dabei wird die Rißbildung hauptsächlich durch die Größe der angelegten Spannung, die Temperatur und die Einwirkung von Umgebungsfluiden beeinflußt. Leider beschäftigen sich alle Arbeiten hauptsächlich mit glasartigen Polymeren und trennen nicht genau zwischen Spannungsrißbildung und Spannungsrißkorrosion. Die ersten Arbeiten, die sich ausschließlich mit Polyamid beschäftigen, sind von RUSCHER [41,42] und BUCHDAHL [43]. RUSCHER mißt die Lichtstreuung in Polyamid-Borsten, um daraus Erkenntnisse über die Struktur und das Bruchverhalten zu ziehen. BUCHDAHL entwickelt ein Bruchmodell aus Fehlstellenversetzungen, wie es dieses für Metalle gibt.

1.1 Crazes

In den o.a. Arbeiten ist von einem örtlichen Orientierungsphänomen, das in der englischen Sprache mit "Craze" bezeichnet wird und im Deutschen vielleicht "Lokaldeformation" genannt werden könnte, die Rede, das bei der Deformation eines Polymeren vor der Rißbildung auftritt. Es handelt sich dabei um lokale Deformationen des Polymer, wobei dieses oberhalb und unterhalb des Deformationsortes durch gestreckte Polymerketten zusammengehalten wird. Das sind dünne, linsenförmige Zonen von ca. 10 - 50 nm Durchmesser. SAUER et al. [45](1949) und HSIAO und SAUER [46] (1950) beschrieben sie zum erstenmal bei Versuchen an Polystyrol. MAXWELL und RAHM [47] beschäftigten sich mit dieser Erscheinung eingehender und formulierten ein Crazebildungskriterium, das von zahlreichen Autoren [48-57] angezweifelt und umformuliert wurde. Dabei bildeten sich mechanische und thermische Crazebildungskriterien heraus. Die Crazebildung ist bis heute noch nie direkt beobachtet worden, da sie nicht vom Crazewachstum getrennt werden kann.

Das Crazewachstum ist in der Hauptebene der Crazes wesentlich größer als normal dazu. KAMBOUR [50] beschreibt das Material im Craze als zusammenhängende Hohlräume, die von Fibrillen aus gestreckten Polymerketten durchzogen sind. Er ermittelte Öffnungsabmessungen von 10 - 20 nm und Fibrillen von 20 - 40 nm Durchmesser. Die Fibrillen zeigten an der Oberfläche perlenartige Unebenheiten. Dies wird auf die Reste von zerstörten Polymerketten oder ihre Enden zurückzuführen sein, die sich wieder aufgerollt haben. Den Polymeranteil ermittelte er zu 50 - 60 %.

Die Crazebildung und das Crazewachstum werden durch Molekulargewicht, Molekülaufbau, molekulare Orientierung, resultierende Herstellungsspannung, Scherflußverhalten, Kristallisation, Temperatur, äußere Spannungsart, Beanspruchungszeit und Milieu wesentlich beeinflußt.

Die Crazeinitiierung wurde von KLEMPERER [58] und den meisten anderen Forschern als spannungs- und zeitabhängig erkannt. Dabei wird die Induktionszeit um so länger, je kleiner die angelegte Spannung oder Dehnung ist.

Sobald die Temperatur steigt, nimmt die Neigung zur Crazebildung zu.

Die Orientierung kann für die Crazebildung und ebenso für das Rißwachstum und den Bruch einen erheblichen Widerstand darstellen. Die Spannung der Crazeinitiierung ist in der Orientierungsrichtung wesentlich größer als senkrecht dazu.

Die meisten Untersuchungen hierzu fanden an glasartigen Polymeren statt, da sie in teilkristallinen schlecht beobachtet werden können. PETERLIN [44] gelang es, Crazes in kristallisiertem Polypropylen zu beobachten. Von ähnlichen

Beobachtungen an Polyamid- und Polyesterfasern berichtete BILLICA [132]. Die an glasartigen Polymeren gefundenen Ergebnisse können nicht einfach auf anisotropes oder teilkristallines Material übertragen werden, da hier der Sachverhalt komplexer ist, wie BEARDMORE und RABINOWITZ [59] gezeigt haben. Es kann jedoch als gesichert angesehen werden, daß das Wachstum der Crazes auf drei Arten geschieht:

a) Durch Transformation von ursprünglichem Material oberhalb und unterhalb des Craze

b) Durch den plastischen und viskosen Zug von Fibrillen im Craze

c) Durch die viskoelastische (und größtenteils reversible) Auslenkung dieser Fibrillen

1.2 Mikrorißbildung

Alle vorstehenden Ergebnisse führen zu den Feststellungen, daß die Crazebildung in einen elastischen und einen plastischen Schritt zu unterteilen ist. Der erste besteht in einer Verstreckung der Polymerketten, die einer Entknäuelung oder einem Geradeziehen der Ketten gleichkommt. Dieser Schritt stellt oberhalb von T_g einen reversiblen Vorgang dar und wird durch das Ausheilen von Crazes bei Entlastung bestätigt. Der zweite Schritt ist mit einem Aneinandervorbeigleiten oder einem Bruch der Ketten zu erklären. Er ist beim Abgleiten nur teilweise irreversibel. Dies zeigt sich durch eine große Hysterese bei wiederholter Be- und Entlastung.

Neben der Festigkeitsreduzierung, verursacht durch die Probengeometrie und Verunreinigungen, sind die größten Festigkeitsbegrenzungsquellen die sogenannten Fehlstellen, die durch viskoelastische Bewegungen im Material erzeugt werden. Diese Platzwechsel, die bei den alten Festigkeitstheorien nicht beachtet wurden, sind letztendlich für den hohen Rißfortpflanzungswiderstand verantwortlich.

Auch hierzu wurden die meisten Versuche an glasartigen Polymeren durchgeführt; über Polyamid-Fasern ist in diesem Zusammenhang bis heute nur eine Arbeit [68] bekannt geworden.

Vermutlich ist das Wachstum der Fehlstellen in jedem Fall auf das Brechen von Fibrillen zurückzuführen. Die Größe des Craze an dem Punkt, an dem der langsam wachsende Mikroriß eine kritische Größe erreicht, variiert mit verschiedenen Faktoren, z.B. Temperatur, Dehnungsgeschwindigkeit, Orientierung, Molekulargewicht und den Umgebungsbedingungen. Alle Beobachtungen zeigen, daß beides, Crazewachstum und -versagen, d.h. Fibrillenbruch, zeitabhängige Prozesse mit merklich viskoelastischem Verhalten sind, wobei diese Prozesse sehr ähnlich, aber nicht identisch sind.

Die Crazestabilität hängt von der Fibrillenstabilität ab, was wiederum von der Kettenfestigkeit und den Nebenvalenzkräften abhängig ist. Hier zeigt sich klar die Bedeutung des Molekulargewichts.

Es gibt keinen einfachen oder allgemeinen Unterschied zwischen der Einleitungs- oder Ausbreitungsstufe von Rissen. Unter gleichmäßigen Zugspannungen wird das Wachstum von makroskopischen Fehlstellen mit zunehmender Fehlstellengröße beschleunigt.

ZHURKOV et al. [60] versuchten, das an einem Modell zu erläutern. Aufgrund von Wärmebewegungen in unter Spannung stehenden Makromolekülen entstehen zwei Endradikale. Diese treten in Wechselwirkung mit den umliegenden Makromolekülen. Als Folge davon bilden sich innere freie Radikale und stabile Endgruppen. Kommt es zur Spaltung innerer freier Radikale, ergeben sich stabile Endgruppen und Endradikale. Nun wiederholt sich das Spiel nach dem Schneeballsystem, und es entsteht ein Mikroriß, der schnell wachsen kann.

Dieses Wachstum kann sowohl innerhalb von Crazes als auch zwischen ihnen stattfinden. DE VRIES [68] wendet dieses Modell auf Nylon-Fasern an und bestätigt die Messungen von ZHURKOV [60].

1.3 Rißwachstumstheorien

In den letzten 15 Jahren wurden zahlreiche verschiedene Bruchtheorien auf das Rißwachstum in Polymeren angewandt. Sie können in Energiekriterien- und Spannungskriterientheorien eingeteilt werden. Ein ausführlicher Vergleich findet sich bei BERRY [61] und BROUTMAN und KOBAYASHI [62]. Hier soll nur eine kurze Erwähnung ihrer Anwendbarkeit auf die Rißausbreitung in Polymeren gegeben werden.

1.3.1 Energietheorien

Da ist zunächst die GRIFFITH-Theorie [63,64] zu nennen. Sie selbst und ihre Weiterentwicklungen beruhen auf der Voraussetzung, daß die Bildung von neuen Bruchflächen Energie erfordert. Die dazu erforderliche Energie soll aus dem elastischen Dehnungsfeld im gesamten Körper kommen. Eine Rißausbreitung geschieht, falls die Abnahme der elastischen Dehnungsenergie mit zunehmender Rißlänge die Energie, die durch Reibung umgesetzt wird oder gespeichert wird, bei der Bildung neuer Bruchoberflächen übersteigt. Die Original-GRIFFITH-Theorie behandelt nur den totalen Sprödbruch von idealelastischen Körpern, worin die Energie - verbunden mit der neuen Bruchoberfläche - nur in Oberflächenenergie umgeformt wird. IRWIN [65] zeigte die Ausweitbarkeit der GRIFFITH-Theorie auf andere Materialien. Das beinhaltet eine Transformation der elastischen Feldenergie in additive Formen der Rißausbreitung. So lange, wie die Zone der Reibungsenergie rund um die Rißspitze - verglichen mit der Rißlänge - klein ist, ist nach IRWIN die Form der GRIFFITH-Gleichung noch anwendbar. In den letzten 15 Jahren drückten die meisten Autoren von Berichten über Bruchmechanik-Untersuchungen an glasartigen Polymeren ihre Ergebnisse in Formen der GRIFFITH-Theorie aus.

Auf teilkristalline Fasern aus Polyamid ist sie jedoch wegen der kleinen Durchmesser der Fasern bzw. Filamente nicht gut anwendbar.

1.3.2 Spannungstheorien

Die andere große Hauptklasse von Rißwachstumstheorien geht davon aus, daß sich der Riß ausbreitet, sobald die Spannung die Versagensspannung erreicht. Diese Theorien scheinen in ihren Versuchen weiter zu gehen als die anderen, die exakte örtliche Spannung aus den mittleren örtlichen Spannungen, der Rißlänge, der Geometrie der Rißspitze und den Materialabmessungen und -eigenschaften zu berechnen. BERRY [61] diskutiert die Gültigkeit und Begrenzung dieser Theorien. Die Bruchenergietheorien ignorieren alle Einzelheiten der Konfiguration und der besonderen Materialempfindlichkeit. Sie bilden eine so große Palette, daß sie wenig Licht in den Mechanismus der Rißausbreitung bringen, ohne durch andere Arten von Versuchen unterstützt zu werden. Andererseits leiden die örtlichen Spannungstheorien gewöhnlich an der Tatsache, daß der Materialwiderstand und die Rißspitzengeometrie stark angenähert sind.

Der Vorteil dieser Art liegt jedoch in der Tatsache, daß der Materialwiderstand und die Rißgeometrie auf spezifischem Weg mitgeteilt werden müssen, um mit der Theorie die Experimente zu erfüllen. Falls ihnen dies gelingt, bringen diese Theorien mehr Licht in die Einzelheiten der Bruchmechanismen, als es die einfachen können. Gemäß BERRY [61] sind die beiden Theorie-Arten unzweifelhaft grundlegend. "Örtliche Spannungsmodelle", die auf die Rißausbreitung bei glasartigen Polymeren anwendbar sind, setzen die dehnbare Natur des Materials an der Rißspitze in Rechnung. Die beiden Theorien dieser Art, die heute angewandt werden, sind auf Arbeiten von NEUBER [67] und DUGDALE [66] zurückzuführen.

Zusammenfassend kann gesagt werden: das DUGDALE-Modell liefert eine ziemlich gute Abschätzung des Rißwachstums in glasartigen Polymeren, falls nur ein Craze an der Spitze des Risses besteht. In den anderen Fällen gibt es noch keine befriedigende Lösung bzw. im Falle teilkristalliner Werkstoffe, wie sie für PA-Fasern verwendet werden, kaum Ansätze. Die ersten liefert die statistische Untersuchung von KAUFMANN [69,70] über das Bruchverhalten von Polyamidfilamentgarnen.

Mittels der rasterelektronenmikroskopischen Aufnahmen wurden von KIREENKO et al. [71] die Oberflächen der Bruchenden von PA-6- und PA-66-Monofilamenten untersucht. Er versuchte damit, den Rißverlauf zu rekonstruieren. Seine Arbeiten wurden von BOBETH und REUMANN [72] durch eine Bruchendenanalyse an ungestreckten und verstreckten PA-6-Monofilamenten ergänzt, die bei verschiedenen Dehnungsgeschwindigkeiten und Temperaturen zerstört worden waren. Die umfassendste bildliche Darstellung von Bruchstellen aller denkbaren Rißverläufe bringen GOSWAMI und HEARLE [73] von Versuchen an Nylon-66-Monofilamenten.

2. Spannungsrißkorrosion

2.1 Einführung

Wird die Probe aus einem hochpolymeren Werkstoff mit einem dampfförmigen oder flüssigen Medium in Berührung gebracht, so kann es zur eigentlichen Spannungsrißkorrosion kommen. Das Medium diffundiert in die Faser ein. Dabei hängt die Diffusionsgeschwindigkeit neben anderen Parametern auch von der Größe der Hohlräume (hierbei ist von Hohlräumen im Sinne einer Mischung aus Poren- und "free-volume-"Modell die Rede) in der Probe ab. So wird sie in den Crazes größer sein als in der übrigen Probe, da hier das freie Volumen größer ist. Dadurch werden Quellspannungen hervorgerufen, die dann relaxieren. Es kommt in submikroskopischen Bereichen zu einer Mikroweichmachung und damit unter dem Einfluß von inneren und/oder äußeren Spannungen zu einem Mikrofließen. Als Folge davon kann es bei kleinen Spannungen zum Ausheilen der Schwachstellen kommen oder bei größeren Spannungen zum Wachsen der Risse und, falls dabei eine chemische Umsetzung stattfindet, zur Spannungsrißkorrosion.

Die Crazebildung und das Spannungsreißen unter Einwirkung eines Fluids sind Probleme, die in der Praxis an hochpolymeren Festkörpern, wie z.B. synthetischen Fasern aus Polyamid, häufig vorkommen können. Keines der heute bekannten Polymere ist frei von diesem Problem. Es sind wohl einige Linderungsmittel bekannt, wie z.B. Oberflächenbeschichtungen und Vororientierung des Polymer. Es gibt aber bis jetzt keine allgemeingültige Lösung dieses Problems.

Die Zahl der Einflußgrößen und ihre Bedeutung für die Spannungsrißkorrosion läßt sich z.Z. noch nicht umfassend beantworten. Bei Vernachlässigung von chemischen Reaktionen bleiben bei der Einwirkung eines Fluids auf die Faser bis zu fünf fundamentale Schritte zu unterscheiden:

- Transport des Fluids aus der Umgebung an die Faseroberfläche
- Adsorption (Benetzung)
- Diffusion in die Faser
- Quellung der Faser und evtl.
- Lösung der Faser.

Während die Benetzung in sehr kurzer Zeit geschieht, dauern die anderen Vorgänge etwas länger. Welcher der geschwindigkeitsbestimmende Schritt für die Spannungsrißkorrosion ist, läßt sich nicht allgemeingültig sagen. Der Einfluß der Benetzung kann durch die Grenzflächenspannung zwischen dem Versuchsmaterial und dem Netzmittel erfaßt werden. Dabei stellte sich heraus, daß nur benetzende und quellende Flüssigkeiten sowie eindringende Dämpfe zur Korrosion führen, d.h. die Fluide müssen einen stark polaren Charakter haben. Welche Agentien dafür in Frage kommen, ist in der Arbeit von WEISKE [74] aufgelistet.

Die Crazebildungs-, Crazeerweiterungs-, Rißbildungs- und Rißerweiterungsarbeit steigt mit der Grenzflächenenergie, d.h. es steigt der Energieaufwand zur Rißerweiterung. Es muß also die Rißausbreitung um so leichter vor sich gehen, je kleiner die Grenzflächenspannung zwischen Material und Fluid ist. Außerdem spielen die Größe und die Beweglichkeit der Moleküle des Fluids und des Polymeren eine große Rolle sowie die zwischenmolekularen Kräfte.

1969 veröffentlichten DUNN und SANSOM [75-77] ihre Arbeiten über Spannungsrißbildung in Polyamid-6-Folien bei einer Behandlung mit wäßrigen und nichtwäßrigen Metallsalzlösungen. Den stärksten Angriff zeigte Zinkchlorid. Leider sind die Ergebnisse auf Fasern kaum übertragbar, da eine derartige Beanspruchung für Fasern nicht relevant ist. Im zweiten Teil weisen sie dann mittels IR-Spektroskopie nach, daß die Metalle mit den Amidgruppen Komplexe bilden.

2.2 Modellvorstellungen über die Einwirkung eines Fluids

Bei der Durchsicht der Literatur schälen sich hauptsächlich zwei Modellvorstellungen über die Einwirkung eines Fluids auf die Craze- und Rißeinleitung heraus:

- die Rißoberflächenenergie-Hypothese und
- die Plastifizierungsenergie-Hypothese.

2.2.1 Oberflächenenergie-Hypothese

Die bekanntesten Vertreter der Oberflächenenergie-Hypothese sind STUART et al. [78,79] und BERGEN [80,81]. Dabei gingen sie davon aus, daß die Benetzung der Hohlraumoberfläche im Craze durch das Fluid die Crazebildungsenergie reduziert. Die Oberflächenenergie ist jedoch nur ein Teil der gesamten Crazebildungsenergie. Sie führen an, daß ihr Anteil für Fehlstellen in der Größenordnung von 1 µm wesentlich ist. Ihre Hypothese unterstützt die Annahme, daß beim Crazewachstum jeder Hohlraum extra induziert wird. Die Diffusion durch eine Grenzflächenmembran von 1 µm Dicke und einem Diffusionskoeffizienten von 10^{-9} cm^2/s ergibt eine Induktionszeit von 10^{-2} s. Es kommt durch die Kondensation und die daraus resultierenden Quellspannungen des Fluids zu einer beschleunigten Hohlraumbildung.

Als weiterer Beweis bietet sich die Beobachtung [82] an, daß Flüssigkeiten, von denen bekannt ist, daß sie Crazebildungsunterstützer sind, in 1 mm dicken Filmen aus

Polyphenyloxid nach 8 Monaten weniger als 1 % absorbiert waren. Andere Experimente [83] zeigten, daß z.B. Formamid absorbiert wird, sobald das Polymer gespannt wird.

2.2.2 Plastifizierungsenergie-Hypothese

MAXWELL und RAHM [47] haben im Jahre 1949 als erste für die Einwirkung eines Fluids auf die Erniedrigung des Crazebildungs- und des Rißeinleitungswiderstandes die Plastifizierungsenergie-Hypothese vorgeschlagen. Dabei wird angenommen, daß das Fluid die Viskosität des glasartigen Zustandes des Polymers reduziert, so daß ein Fließen leichter möglich wird. Die Erniedrigung der Glastemperatur T_g durch Weichmacher ist eingehend erforscht und bekannt. Die Versuche bei bestimmten Temperaturen verlaufen ähnlich wie bei den Polymeren ohne Weichmacher bei höheren Temperaturen.

Der letzte Beweis für den Plastifizierungsmechanismus ergibt sich aus den Untersuchungen, bei denen Gleichgewichtskonzentrationen der Fluide und/oder die Glastemperaturen bei bestimmten Fluidkonzentrationen gemessen wurden. So wurde z.B. von BERNIER und KAMBOUR [82] ein breites Spektrum von Fluiden untersucht. Dabei wurden die T_g bei höheren Quellungsgraden bis auf Raumtemperatur gesenkt. Die gemessene Proportionalitätskonstante zwischen T_g und dem Weichmachergehalt variiert von einem Fluid zum anderen [82,84]. Eine allgemeine Korrelation liefert die kritische Crazeeinleitungsdehnung und T_g. Die kritische Dehnung fällt nahezu linear mit T_g, bis letztere Raumtemperatur erreicht. Dann hat sie einen konstanten Wert, der unabhängig von der Versuchstemperatur ist.

Andere Crazing-Experimente befassen sich mit dem Einfluß gesättigter Dämpfe [83,85,86]. Es wurden ähnliche Ergebnisse wie in den Flüssigkeiten ermittelt. Das läßt vermuten, daß eine Oberflächenstabilisierung durch benetzende Flüssigkeiten vernachlässigbar klein ist. Da die Grenzfließ- und die Crazebildungsspannung in gleicher Weise von dem Weichmachergehalt beeinflußt werden, liegt es nahe, die Plastifizierungshypothese als richtig anzusehen. Das wird noch unterstützt durch die Feststellung von KAMBOUR [38], daß eine kleine absorbierte Fluidmenge den Crazing-Widerstand bis zu 50 % erniedrigt, während das Fließverhalten insgesamt kaum verändert wird. Diese Wirkung der Weichmacher ist bis heute nicht gelöst. Es ist jedoch noch festzuhalten, daß bei einem kleinen Quellungsgrad in einem bestimmten Polymer der Crazebildungs-Widerstand stärker sinkt, als wenn das Lösungsmittel zu starker Quellung führt.

2.3 Kinetik des Lösungsmittel-Crazing, -rißwachstums und -bruchs

ANDREWS und BEVAN [87,88] untersuchten die Kinetik der Crazes und der Rißausbreitung in PMMA-Proben, die in verschiedenen Flüssigkeiten eingetaucht waren, über einen weiten Temperaturbereich. Sie fanden heraus, daß die untere Grenzspannung der Ausbreitung systematisch mit der Temperatur variiert. Dabei konnte jedoch nicht zwischen Crazes und Rissen unterschieden werden. MARSHALL, CULVER und WILLIAMS [89] entdeckten für jede Flüssigkeit zwei Arten der Temperaturabhängigkeit von der Bruchoberflächenenergie. Bei relativ niedriger Temperatur sinkt sie schnell mit steigender Temperatur, bis sie von einer bestimmten Temperatur an plötzlich zu einem temperaturunabhängigen Verhalten wechselt.

Beide Arbeiten haben jedoch den Nachteil, daß sie von vorgefertigten Rissen ausgehen und deshalb nicht zwischen dem einen Riß bzw. Craze und den anderen, sekundär gebildeten unterscheiden können.

Dem endgültigen Bruch in Gegenwart von Lösungsmitteln wurde lange Zeit wenig Aufmerksamkeit geschenkt. Das änderte sich erst durch die Arbeit von REGEL [90] aus dem Jahre 1956. Sieben Jahre später (1963) berichteten RUDD [91] und THOMAS und HAGAN [92] (1969) über Versuche zu Bruchzeiten für ABS und HIPS in Pflanzenöl. BOYER und KESKKULA [93] erweiterten die Daten für HIPS in anderen Flüssigkeiten und FULMER [94] für ABS. Sie fanden einen Mechanismuswechsel oberhalb eines bestimmten Spannungslevels.

DEVINS und REED [84] benutzten ROBERTSON's "Bindungstheorie" des Fließens [95,96], um die Temperaturabhängigkeit des Crazing ohne und mit Fluid zu erfassen.

Ein etwas anderer Mechanismus wird von GENT [49,97] vorgeschlagen. KAMBOUR [38] widerspricht ihm jedoch, da nach seinen Beobachtungen die stärkste Quellung an der Fehlstellenspitze auftritt, was zu einer örtlichen Erniedrigung von T_g führt und ein Fließen an dieser Stelle unterstützt. GENT's Crazing-Kriterium beinhaltet jedoch, daß ein Fluid, das unter Druck steht, im Extremfall zu einer Gleichgewichtsquellung führen kann, während dies im ungespannten Material nicht dazu führt. Eine Lösung dieser gegensätzlichen Feststellungen müßte in der Beantwortung der Fragen nach der Fehlstellenanzahl und der Größe des Gebietes an der Spitze, in dem die aufgebrachte Dehnung in Druck in der Flüssigkeit umgewandelt wird, liegen.

Es muß also zusammenfassend festgestellt werden, daß nur eine genaue Kenntnis der Polymerstruktur neue Erkenntnisse und eine Klärung des Crazingphänomens und Rißwachstums und ihre Wechselwirkung mit dem Umgebungsfluid bringen kann.

2.4 Thermo- und photooxidative Schädigung von Polyamid

Außer durch die Einwirkung eines flüssigen oder dampfförmigen Fluids können Polymere auch durch Licht und Wärme geschädigt werden. Das kann sowohl bei einer spannungslosen als auch bei einer Behandlung unter Spannung geschehen. Als erster wies hierauf SCHLACK [98] (1941) hin. Bevor die Veränderung im mikroskopischen Bereich untersucht wurde, galt die Aufmerksamkeit der Forscher zunächst dem Wechsel der textilen Eigenschaften, wie z.B. Festigkeit, Elastizität und der Anfärbbarkeit, da es nicht gelungen war, bei der

Einwirkung von Agentien einen klaren Reaktionsmechanismus zu formulieren. SIPPEL [99] untersuchte (1957) deshalb zunächst rein phänomenologisch die Auswirkung ultravioletten Lichts von wärme- und energiereicher Strahlung, wie z.B. Röntgenstrahlung, auf die Höchstzugkraft und den Polymerisationsgrad. Dabei äußert er die Vermutung, daß die Anwesenheit von Sauerstoff bei den Versuchen bestimmt, ob ein Abbau oder eine Vernetzung geschieht. Eine Zerstörung der Molekülkette geschieht unterhalb der Wellenlänge von 340 nm allein durch das Licht, oberhalb dieser Wellenlänge muß der aktivierte Sauerstoff beteiligt sein. Ein Jahr später (1958) untersuchten ZAHN und SATLOW [100] den Einfluß energiereicher Strahlung auf Mischgarne aus Wolle und Polyamid bzw. aus Wolle und Polyester.

Die Möglichkeit eines Schutzes gegen den Angriff von Aktivsauerstoff auf Polyamid-6 und -66-Fasern untersuchte NAUJOKS [101] mittels Festigkeits- und Dehnungsmessungen. Er fand, daß einige Säuren, wie z.B. Schwefel- und Salzsäure, und ihre Salze im sauren Bereich einen guten Schutz bieten. Im alkalischen Bereich führt er Kaliumchlorid und Natriumchlorid an, liefert aber den Reaktionsmechanismus der Schutzwirkungen nicht mit.

Später erst (1959) haben SHARKEY und MOCHEL [102] in ihrer grundlegenden Arbeit über die chemischen Veränderungen von Modellverbindungen durch photooxidativen Abbau einen Reaktionsmechanismus erstellt. Sie behaupteten, daß der primäre Angriff des Sauerstoffs an der N-vicinalen Methylengruppe erfolgt.

MIKOLAJEWSKI et al. [103] versuchten, an feuchten, unverstreckten Nylonproben und N-substituierten Amiden als Modellverbindungen die Abbauerscheinungen zu erklären, und erwähnten den Schutz gegen Oxidation über eine Chelatbildung mit Schwermetallen.

MAREK und LERCH [104] erläutern den photolytischen Abbau von Polyamid-66 über einen Reaktionsverlauf der Pyrrolbildung, dem von HERLINGER [105] aufgrund seiner

Untersuchungen über den Einfluß von Schwermetallionen auf die Autoxidation von Polyamiden widersprochen wird. Er unterstützt den Mechanismus von KRÜSSMANN [106] und VALK et al. [107,111], denen es gelungen ist, den Beweis für den primären Angriff des Sauerstoffs an der N-vicinalen Methylengruppe zu erbringen.

Eine Stabilisierung der PA-6- und PA-66-Materialien gegen thermo- und photooxidative Schädigung erfolgt überwiegend durch Einspinnen von Schwermetallsalzen. Über den Mechanismus der Wirksamkeit ist kaum etwas bekannt. Das liegt wohl hauptsächlich daran, daß das Problem bei Berücksichtigung aller Faserpolymerbegleitstoffe zu komplex ist. Diese sind:

a) Licht- und Wärmestabilisatoren, wie z.B. Mangan- und Kupfersalze
b) Mattierungsmittel (meistens Titandioxid)
c) optische Aufheller und Farbstoffe
d) Faserpräparation
e) Tracer und
f) Antistatikkomponenten.

Wird eine Polyamid-Faser einer thermo-mechanischen Beanspruchung unter Einfluß von Sauerstoff unterzogen, ist eine Reihe von physikalischen und chemischen Veränderungen in der Fasermorphologie möglich, die durch die Faserzusätze inhibiert oder katalysiert werden können.

Jede chemische Bindung im Polyamid kann mehr oder weniger leicht durch andere Komponenten, wie z.B. atomaren Sauerstoff (Singlettsauerstoff verschiedener Struktur) oder reaktive Radikalverbindungen, gespalten werden. Solche Radikale können schon durch extreme mechanische Beanspruchung erzeugt werden [108-110]. Dabei resultiert nach HERLINGER [105] die Zunahme des Carboxyendgruppengehaltes aus der Hydrolyse von primären Amidbindungen.

Zur Stabilisierung gegen UV-Licht in Polyamiden werden häufig Mangan-II- und Kupfer-I-Verbindungen benutzt, die aber nur in geringen Konzentrationen bis ca. 50 ppm wirksam sind, vorausgesetzt, daß sie gegen Herauswaschen stabilisiert sind. Eine Inhibitorwirkung von Mn^{2+} scheint nur im Bereich von 5 ppm bis 50 ppm gegeben zu sein [112, 113], darüber und darunter kann es zu einer Autoxidation kommen, die aber, wie KRÜSSMANN et al. [105,111] gezeigt haben, auch von der Konformation der Polymerketten beeinflußt wird. Dieser Bereich ist jedoch temperaturabhängig. Ähnliches gilt für Cu^{+}- und Cu^{2+}-Ionen [114,115]. HERLINGER [105] fand, daß eine einmal "angestoßene" Oxidationsreaktion auch unter Normalbedingungen weiterlaufen kann.

VACHON et al. [116] untersuchten den chemischen Abbau als Funktion der Zeit von unverstreckten und verstreckten mattierten Polyamid-66-Multifilamenten mit 0,025 % ± 0,015 % TiO_2, die sie im sauerstoffgesättigten Wasserbad behandelten. Dabei entdeckten sie eine starke pH-Abhängigkeit. Der maximale Abbau geschah sowohl für unverstreckte als auch für verstreckte Fasern in einer Pufferlösung von pH 8,2. Das veranlaßte sie dazu, Vermutungen über einen Mechanismus der Autoxidation zu äußern, der die pH-Abhängigkeit berücksichtigt. Eine pH-Abhängigkeit der Wasseraufnahme von Polyamid hatten ELÖD et al. [117] schon 1949 festgestellt, wobei bei pH 3 das Minimum lag.

Ähnliche Versuche wie VACHON [116] unternahm STEINHAUER [118] auch an Polyamid-66-Fasern, wobei er die Aufmerksamkeit jedoch mehr auf den Festigkeitsverlust und die Diffusion des Oxidationsmediums in die Faser richtete und die Rißlage zu erklären versuchte. Bei der Diffusion bezieht er sich auf eine Arbeit von CRANK [119], der eine Lösung des 2. FICK'schen Gesetzes für endlose Zylinder anbietet. Diese Lösung berücksichtigt aber nicht die Abhängigkeit des Diffusionskoeffizienten von der Verstreckrichtung in teilkristallinen Körpern, wie sie von PETERLIN [120] gemessen wurde.

D. Problemanalyse

Eine Betrachtung des gegenwärtigen Kenntnisstandes auf dem Gebiet der Versagenserscheinungen bei Festkörpern aus hochmolekularen Stoffen im allgemeinen und bei Synthesefasern im speziellen führt zu dem Ergebnis, daß eine exakte quantitative Beschreibung nicht möglich ist. Erst seit der Entwicklung des dynamischen (zeitabhängigen) Bruchmodells beginnt sich allmählich ein befriedigendes Bild der Brucherscheinungen für einige wenige Materialien und Probenformen in der Literatur abzuzeichnen, jedoch leider nicht für Synthesefasern. Um diesem Mißstand abzuhelfen, wäre es nötig, eine Beziehung oder einen Satz von Gleichungen aufzustellen, die eine Korrelation aller Einflußgrößen darstellen, die zu bestimmten Ausfallerscheinungen führen. Die Koeffizienten, die aus den experimentell gefundenen Proportionalitäten Gleichungen machen, sind dann als Materialkonstanten zu betrachten.

Außer einer makroskopischen Betrachtungsweise muß aufgrund der statistischen Streuung aller Meßergebnisse und ihrer Abhängigkeit von der Probengestalt sowie dem anisotropen Aufbau unbedingt auch die mikroskopische mit einbezogen werden. Ein vollständiges Verständnis der Physik des Bruchvorganges gelingt also erst, wenn es möglich wird, die oben genannten Materialkonstanten quantitativ zu bestimmen. Diese Konstanten müßten auf strukturelle und/oder chemische Eigenschaften des bestimmten Materials zurückgeführt werden können, wobei den Inhomogenitäten eine entscheidende Rolle zukommen muß. Hieraus ergibt sich die Notwendigkeit ihrer Kenntnis und ihrer Veränderung unter Spannung und/oder korrosiven Mitteln.

Wie zahlreiche Hinweise aus der Praxis und der Literatur erkennen lassen, herrschen bei der Herstellung, Verarbeitung und Veredlung von Synthesefasern Spannungen, die in Verbindung mit dem korrosiven Einfluß von Chemikalien zu Spannungsrißkorrosion führen. Die Folge ist ein starker Festigkeitsabfall, der bis zum völligen Versagen geht. Bis heute sind die genauen Bedingungen, die zu dieser Schädigung führen, unbekannt. Daher erscheint es im Rahmen der Arbeiten in der Textilforschung notwendig, dieses vage qualitative Bild in ein quantitatives zu verwandeln. Die vorliegende Arbeit soll hierzu in bezug auf die Spannungsrißkorrosion an Polyamid-6- und -66-Fasern einen Beitrag leisten und für PES-Fasern die Randbedingungen klären.

Bevor dieses Problem jedoch gelöst werden kann, sind noch viele andere anzugehen und aus dem Weg zu räumen. Da wären zunächst vor dem Aufstellen einer Bruchhypothese für Fasern die folgenden Fragen zu klären:

a) Welche strukturellen Gegebenheiten und Spannungsverhältnisse sind maßgeblich für das Entstehen eines Craze (Rolle der Fehlstellen)?

b) Wie wächst ein Craze (Kriterium und Kinetik)?

c) Was sind die Randbedingungen für die Rißbildung und das Einsetzen der Spannungsrißkorrosion?

d) Welches ist der geschwindigkeitsbestimmende Reaktionsschritt?

Da eine Untersuchung aller Einflußgrößen, denen die Fasern bei der Herstellung und Weiterverarbeitung unterworfen sind, wegen ihrer Vielzahl nicht möglich ist, sollen nur die als wichtigste angesehenen Parameter untersucht und diskutiert werden. Das sind die Einflüsse:

a) Behandlungsdauer
b) Behandlungstemperatur
c) Druck bei der Behandlung
d) Faserfeinheit
e) pH-Wert des Behandlungsbades
f) UV-Lichtbestrahlung
g) Fadenzugkraft bei der Behandlung
i) Zusätze zum Behandlungsbad (Metallionenkonzentration)

Anschließend soll versucht werden, Möglichkeiten zur Vermeidung der Spannungsrißkorrosion aufzuzeigen.

Um die Randbedingungen herauszufinden, die für die Textilpraxis die größte Relevanz haben, sollen zunächst sondierende Vorversuche durchgeführt werden. Dabei sollen verschiedene Agentien an unmattierten Monofilen größerer Durchmesser (Drähte) verwendet werden, da sie eventuell auftretende Risse besser erkennen lassen. An ihnen sollen die o.a. Einflußgrößen hinsichtlich ihrer Bedeutung getestet werden.

Danach soll zu unmattierten Multifilamentgarnen übergegangen werden, wie sie zu Textilien verarbeitet werden. In der dritten Stufe sollen unmattierte und mattierte Multifilamentgarne verschiedener Feinheit und unterschiedlicher Provenienz getestet werden, um einen möglichen Einfluß der Mattierungsmittel bzw. Feinheit und/oder der Herkunft aufzudecken.

Da es bekannt ist, daß das Mattierungsmittel TiO_2 und andere Faserzusätze in bestimmten Konzentrationen - $5 \text{ ppm} \leq M_n^{2+} \leq 50 \text{ ppm}$ [104] - katalytisch auf einen oxidativen Abbau wirken, sollen den Behandlungsbädern Metallverbindungen zugesetzt werden, die die Konzentration in den Fasern verändern könnten.

Wie weit ein nach der Arbeit von KRÜSSMANN [107] zu vermutender oxidativer Abbau bei der Spannungsrißkorrosion durch Licht beeinflußt werden kann, wird als Ergebnis der Versuche mit ultraviolettem Licht erwartet. Dieses Licht wird gewählt, da es bekannt ist, daß es Polyamid photolytisch schädigen kann, besonders wenn eine radikalisch verlaufende Oxidation beteiligt ist.

Falls eine Oxidation mitwirkt, wird die Sauerstoffkonzentration in den Behandlungsbädern und die pH-Wert-abhängige Diffusionsgeschwindigkeit einen Einfluß haben. Diese Konzentration ändert sich mit der Temperatur und dem Druck ganz erheblich. Daher gilt es, Temperaturen bis zu

130 °C und Drucke bis zu 4,5 · 10^5 Pa, wie sie heute bei modernen Breitwaschanlagen bzw. Färbeapparaten in der Textilindustrie üblich sind, ebenso zu berücksichtigen, wie verschiedene pH-Werte der Behandlungsbäder.

Ob der Ordnungszustand der Fasern einen Einfluß ausübt, sollen die Versuche an Multifilamenten zeigen, die unter definierten Bedingungen thermo-mechanisch vorbehandelt worden sind.

E. Eigene Versuche und Ergebnisse

1. Untersuchungsmaterialien

Die für die Untersuchungen verwendeten Materialien sind die in Tabelle 1 aufgeführten kommerziellen Polyamid-6- und -66-Multifilamentgarne und Monofilamente unterschiedlicher Provenienzen.

Tabelle 1: Polyamid-6- und -66-Untersuchungsmaterialien

Provenienz	Material	Feinheit in tex	Schmelztemperatur T_s in ^oC
a	PA 6	44	-
1	PA 6	16,7 f 18	219
2	PA 6	11 f 40	220
3	PA 6	4,4 f 9	216
4	PA 66	15,6 f 34	257
5	PA 66	11 f 34	257
6	PA 66	11 f 34	255
7	PA 66	7,8 f 21	257
8	PA 66	7 f 23	255
9	PA 66	5 f 17	258
10	PA 66	5 f 13	254

Alle Materialien, außer dem PA-6 der Provenienz 1 und dem Monofilament der Provenienz a, enthielten Mattierungsmittel.

1.1 Charakterisierung der unbehandelten PA-6- und PA-66-Multifilamentgarne

Um die verwendeten PA-6- und PA-66-Multifilamentgarne außer durch die Schmelztemperatur etwas näher zu charakterisieren, wurden ihr KL- und ihr Schrumpfkraft-Temperatur-Verhalten bestimmt sowie ihr Gehalt an Faserzusatzstoffen untersucht.

1.1.1 Kraft-Längenänderungsverhalten

Das Kraft-Längenänderungsverhalten der PA-6-Multifilamentgarne der unterschiedlichen Provenienzen ist in Abb. 1 dargestellt, das der PA-66-Fasern wird in Abb. 2 wiedergegeben.

Zur besseren Vergleichbarkeit der Garne untereinander wurden die Fadenzugkräfte auf die Faserfeinheiten zu Beginn der Zugversuche bezogen.

Der größte Teil der PA-66-Multifilamentgarne zeigt höhere feinheitsbezogene Höchstzugkräfte als die PA-6-Multifilamentgarne. Dafür haben die hier verwendeten PA-6-Multifilamentgarne eine größe Höchstzugkraftdehnung.

Dieses Verhalten liegt in den unterschiedlichen Bedingungen zur Ausbildung von Wasserstoffbrückenbindungen begründet. Bei Polyamid-66 müssen die Ketten parallel zueinander angeordnet sein, damit alle Carbonamidgruppen eine Brückenbindung eingehen können. Im Polyamid-6 dagegen (ungerade Anzahl von CH_2-Gruppen) müssen die Ketten antiparallel liegen, damit alle H-Brücken ausgebildet sind, oder die Ketten müssen um einen bestimmten Betrag gegeneinander versetzt sein. Dies ist aber energetisch ungünstig. So hat PA-66 zwar eine größere Zugfestigkeit, ist aber spröder.

1.1.2 Schrumpfkraft-Temperatur-Verhalten

Ähnliches Verhalten wie in den KL-Kurven zeigt sich auch in Abb. 3 und 4, die das Schrumpfkraft-Temperatur-Verhalten wiedergeben. Dieses Verhalten wurde ermittelt, da eine Korrelation zwischen den Schrumpfkräften und der Anfälligkeit gegen Spannungsrißkorrosion vermutet wurde. Wie die Ergebnisse unter Punkt 2.2 zeigen, hat sich dies jedoch nicht bestätigt.

Die Multifilamentgarne entwickeln schon bei der Meßtemperatur von 30 $^{\circ}C$ Schrumpfkräfte. Das läßt auf eine bestimmte Kettenbeweglichkeit bei dieser Temperatur schließen bzw. die Einfriertemperatur muß, bedingt durch die eingefrorenen

Spannungen, unterhalb der Meßtemperatur liegen. Ein Beginn der Messungen unterhalb von 30 °C war aus apparatetechnischen Gründen nicht möglich.

Die Maxima der feinheitsbezogenen Schrumpfkräfte liegen für PA-6-Multifilamentgarne bei niedrigeren Meßtemperaturen. Während sie für die PA-6-Garne um 100 °C liegen, befinden sie sich für die PA-66-Multifilamentgarne im Bereich von 150 °C bis 210 °C. Alle PA-66-Multifilamentgarne zeigen im Gegensatz zu denen aus PA-6 einen mehr oder weniger deutlichen Sattelpunkt, der bei einer Temperatur von ca. 100 °C liegt. Der darauf folgende Wendepunkt spiegelt die Temperatur wider, bei der das PA-66-Material in den hexagonalen Strukturzustand übergeht. Diese Temperatur liegt für trokkenes PA-66- bei ca. 160 °C und erniedrigt sich in Gegenwart von Wasser auf ca. 140 °C [121]. Eine ähnliche Wirkung wie Wasser haben in die Faser eingebaute Spannungen. Das zeigt die Verschiebung dieses Wendepunktes zu niedrigeren Temperaturen bei den Garnen mit den größeren Schrumpfkräften. Polyamid-6 hat diesen Strukturumwandlungspunkt nicht und zeigt deshalb auch keinen solchen Wendepunkt in der Schrumpfkraft-Temperatur-Kurve.

1.1.3 Gehalt an Faserzusatzstoffen

Zur Feststellung der beim Herstellungsprozeß eingesponnenen Stoffe wurden alle hier verwendeten Fasern durch Atomabsorptionsspektroskopie untersucht. Die gefundenen Elemente sind in ihren Gewichtsmengenanteilen durch Zahlen in Tabelle 2 dargestellt. Dabei sind die Gehalte in 5 Bereichen zu 10er-Potenzen bzw. als Spuren angegeben. In allen Fasern, ausgenommen in der Provenienz 1, befand sich Ti, das wahrscheinlich in der Form des Titandioxids als Mattierungsmittel Verwendung fand. Alle Fasern enthielten, wenn auch in verschieden großen Mengen, Silicium, Natrium, Magnesium, Kupfer und Calcium. Die Elemente Strontium (Provenienz 6), Niob (Provenienz 9) und Bor (Provenienz 3) wurden nur in jeweils einer Faser registriert. In vielen konnten auch

Mangan (Provenienz 2,3,4,5,6,7 und 9), Eisen (Provenienz 2,3,6 und 9) und Aluminium (Provenienz 1,2,3,4,8 und 10) festgestellt werden.

Tabelle 2: Gehalte an Zusatzstoffen in den Polyamid-Multifilamentgarnen der unterschiedlichen Provenienz

Provenienz	Hersteller	Material	Elemente											
			Al	B	Ca	Cu	Fe	Mn	Mg	Na	Nb	Si	Sr	Ti
1	A	PA 6	■	-	1	■	-	-	1	1	-	2	-	-
2	B	PA 6	-	-	2	1	2	2	1	2	-	2	-	5
3	A	PA 6	-	1	1	■	1	2	1	1	-	2	-	5
4	C	PA 66	■	-	1	■	-	1	■	1	-	1	-	4
5	D	PA 66	-	-	2	■	-	1	1	1	-	2	-	4
6	E	PA 66	-	-	2	■	2	1	2	2	-	4	1	4
7	F	PA 66	-	-	1	■	-	1	1	1	-	2	-	4
8	G	PA 66	■	-	■	1	-	-	□	1	-	2	-	3
9	H	PA 66	-	-	2	1	2	2	2	3	2	4	-	5
10	C	PA 66	■	-	2	1	-	-	1	2	-	1	-	2

Bereich 5 = 10 - 100 % Gehalt
Bereich 4 = 1 - 10 % Gehalt
Bereich 3 = 0,1 - 1 % Gehalt Spuren ■
Bereich 2 = 0,01 - 0,1 % Gehalt
Bereich 1 = 0,001 - 0,01 % Gehalt

1.2 Thermo-mechanische Behandlung von Polyamid-6-Multifilamentgarnen

Zur Untersuchung des Einflusses der Faservorgeschichte (Vorbehandlungsspannung und -temperatur) auf die Spannungsrißkorrosion sind die in Tabelle 3 nachfolgend aufgeführten thermo-mechanisch behandelten Materialien herangezogen worden.

Tabelle 3: Thermo-mechanisch vorbehandelte Versuchsmaterialien

T_v in °C	σ_v in N/tex	t_v in s
140	0	20
140	0,05	20
160	0	20
160	0,05	20
180	0	20
180	0,005	20
180	0,05	20
200	0	20
200	0,05	20

T_v ≙ Vorbehandlungstemperatur in °C

σ_v ≙ feinheitsbezogene Fadenzugkraft bei der Vorbehandlung in N/tex

t_v ≙ Vorbehandlungsdauer in s

Als Rohmaterial wurde in jedem Fall das unmattierte PA-6-Multifilamentgarn tex 16,7 f 18 der Provenienz 1 verwendet. Der Grund hierfür war, daß das gleiche "Fixierprogramm" auch in einer Arbeit über die Färbekinetik an PA-6 [122] Verwendung fand.

Die Vorbehandlungstemperaturen von 140 °C - 200 °C und die feinheitsbezogenen Fadenzugkräfte bis 0,05 N/tex sind in der Praxis vorkommende Werte. Sie wurden gewählt, um das ganze Feld der Vorbehandlung zu überdecken. Die Verweilzeit bei den Behandlungen wurde nicht variiert und betrug stets 20 s.

Die Vorspannung vor dem Lieferwerk wurde bei den unter Spannung thermo-mechanisch behandelten Proben mit Hilfe einer magnetischen Fadenbremse auf ca. 0,04 N gehalten. Bei den spannungslos behandelten Proben wurde ohne Vorspannung gearbeitet [122].

Die Wickelspannung hinter dem Abzugswerk konnte immer unter 0,02 N gehalten werden. Das Umspulen auf konische Hülsen geschah spannungslos.

Das PA-6-Multifilamentgarn wurde in der von BERNDT [123] entwickelten und von TÜRK [122] umgebauten Thermofixieranlage unter definierten Bedingungen (siehe Tabelle 3) mit Heißluft behandelt. Der wesentliche Umbau bestand in dem zusätzlichen Einbau einer Tänzerrolle. Diese erlaubte es, von einem Arbeiten bei konstanter Dehnung zu einem Betrieb unter konstanter Belastung überzugehen. Auf diese Weise konnten vorbedingte Materialschwankungen besser ausgeglichen werden.

Genaue Beschreibungen der benutzten Anlage finden sich bei BERNDT [123] und TÜRK [122].

1.2.1 Charakterisierung der thermo-mechanisch vorbehandelten Polyamid-6-Multifilamentgarne

Durch die thermo-mechanische Behandlung hat das Fasermaterial Veränderungen erfahren. Um diese etwas genauer zu erfassen, wurden einige Messungen und Untersuchungen an ihm durchgeführt.

Zur Charakterisierung der verschiedenen in Heißluft thermomechanisch behandelten PA-6-Multifilamentgarne sind in Abb. 5 die feinheitsbezogenen Fadenzugkräfte über der Dehnung aufgetragen. Als Vergleich wurde die Kurve der unbehandelten Garne mit aufgenommen.

1.2.2 Diskussion des Einflusses einer thermo-mechanischen Vorbehandlung auf die Fasereigenschaften

Die Veränderungen der feinheitsbezogenen Höchstzugkraft als Funktion der Vorbehandlungstemperatur und der feinheitsbezogenen Vorbehandlungszugkraft sind in Abb. 6 dargestellt. Daraus ist zu erkennen, daß sich die feinheitsbezogene Höchstzugkraft durch die thermo-mechanische Behandlung (gegenüber dem unbehandelten Garn) in jedem Fall verringert hat. Ganz besonders stark zeigt dies das bei 200 °C spannungslos fixierte Material. Der Festigkeitsabfall ist auf die Thermooxidation zurückzuführen, die bei 192 °C beginnt, während die anderen Fasern bei den niedrigeren Vorbehandlungstemperaturen (140 °C) die kleinsten Festigkeiten haben und mit steigender Temperatur - bis 180 °C - etwas höhere Werte zeigen. Ein statistisch gesicherter Unterschied zwischen den Festigkeiten der spannungslos und unter einer feinheitsbezogenen Vorbehandlungszugkraft von 0,05 N/tex "fixierten" Proben zeigt sich nur bei der Vorbehandlungstemperatur von 200 °C, da dieses Material schon geschädigt ist.

Alle unter Spannung fixierten Proben liegen ca. 50 % unter den Dehnungswerten der spannungslos behandelten Proben. Besonders stark ist das Absinken bei der Vorbehandlungstemperatur von 200 °C, nämlich ca. 60 % - Abb. 7 - (bezogen auf den größeren Wert). Diese Sprödigkeit der Garne erklärt sich aus der Zunahme der Orientierung.

Die Zunahme der Dichte des Fasermaterials nach einer thermomechanischen Behandlung (Abb. 8) resultiert aus einem Anstieg des Kristallanteils der Multifilamentgarne, d.h. es hat eine strukturelle Veränderung stattgefunden. Dies äußert sich auch in dem Anstieg des E-Moduls (Abb. 9) nach der Vorbehandlung.

Der Kristallanteil muß auf Kosten des vororientierten, nichtkristallinen Anteils gestiegen sein. Dadurch werden andere nicht orientierte (amorphe) Bereiche orientiert, in denen sich unterhalb der Einfriertemperatur genau wie in den anderen "alten" orientierten nichtkristallinen Anteilen Spannungen aufbauen. Daraus kann im unteren Dehnungsbereich (5 - 10 %) - Abb. 10 - sowohl eine Festigkeitszunahme - siehe z.B. das Material, das bei 200 °C spannungslos behandelt wurde - resultieren. Das deutet darauf hin, daß bei hohen Temperaturen unter spannungsloser Behandlung sehr viele Spannungen in die Faser eingebaut werden, die sich zuerst in einer Festigkeitszunahme - hoher E-Modul - und dann in einer schnellen Festigkeitsabnahme - kleine partielle Zugarbeit - äußern. Diese stellt ein Maß für die dehnungsbezogene Festigkeit des Fadens dar. Der Bereich zwischen 5 % und 10 % Dehnung wurde gewählt, da hierin die Fäden mit unterschiedlichen Vorbehandlungsbedingungen ein gut differenziertes KL-Verhalten (siehe Abb. 5) zeigen.

Im Temperaturbereich von 160 °C bis 180 °C lassen sich der Kristallanteil und der orientierte Strukturanteil nicht wesentlich durch die Spannung bei der Vorbehandlung beeinflussen. Dies äußert sich in den spannungsunabhängigen Werten der Dichte und des E-Moduls - Abb. 8 und 9 - in diesem Temperaturbereich. Es muß jedoch einen wesentlichen Unterschied in der Morphologie geben, da die partielle Zugarbeit genauso wie die Höchstzugkraftdehnungen stets voneinander differieren. Dieses Problem kann jedoch im Rahmen der Untersuchungen zur Spannungsrißkorrosion nicht behandelt werden.

Außer in der Dichteänderung schlägt sich eine thermomechanische Behandlung auch in einer Veränderung der Faserfeinheit nieder. TÜRK [122] fand, daß sie bei der feinheitsbezogenen Vorbehandlungszugkraft von 0,05 N/tex mit der Vorbehandlungstemperatur sinkt und im Falle einer spannungslosen Fixierung mit der Temperatur steigt.

2. Versuche und Ergebnisse zur Spannungsrißkorrosion

2.1 Vorversuche

Von den Ergebnissen der vielen Vorversuche, die nötig waren, um die Randbedingungen zu ermitteln, unter denen das Polyamid-6-Monofil Spannungsrisse zeigte, können hier aus Platzgründen nur die wichtigsten knapp gestreift werden.

Zunächst wurde das Monofil in einer Wasserstoffperoxid-Lösung bei Raumtemperatur behandelt, wie sie zum Bleichen von Polyamid-Materialien in der Industrie verwendet wird. Nach einer Behandlungsdauer von 80 h zeigten sich keine Spannungsrisse. Darum wurde die Behandlung in konzentriertem H_2O_2 wiederholt. Der Draht wurde innerhalb von wenigen Minuten stark geschädigt, ohne daß sich Spannungsrisse zeigten. Eine Verringerung der Konzentration auf 10 % und 1 % verlängerte zwar die Zerstörungsdauer, lieferte aber auch keine sichtbaren Risse.

Die Versuche in 0,1n; 1n und konzentrierter HCl verliefen nach 96 h - ebenfalls bei Raumtemperatur - ähnlich erfolglos. Einer Behandlung in einer 5 %igen und 10 %igen wäßrigen $ZnCl_2$-Lösung hielt der Draht bei 20 °C und 60 °C 96 h ohne Schädigung stand. In einer gesättigten $ZnCl_2$-Lösung wurde er nach 20 min bei 20 °C geschädigt. Dabei zeigte sich ein Auflösen der Drahtoberfläche, die von einzelnen Rissen durchzogen war. Diese Zeit verkürzte sich auf 5 min, wenn er bei Raumtemperatur in einer gesättigten methanolischen $ZnCl_2$-Lösung behandelt wurde.

In einer anderen Versuchsreihe wurde durch Pufferlösungen mit unterschiedlichen pH-Werten Sauerstoff oder Luft gepumpt, um die Bäder bei 80 °C zu sättigen. Dabei wurden die Drähte spannungslos behandelt. Die Ergebnisse sind in Tabelle 4 aufgelistet.

2.2 Einfluß der Behandlungsdauer

Wenn von der Beständigkeit einer Faser gegen eine Schädigung durch Spannungsrißkorrosion gesprochen wird, ist neben den angewandten Behandlungsbedingungen die Behandlungsdauer die bedeutendste Randbedingung. Von einem absolut veränderungsfreien Überstehen eines Prozesses kann niemals die Rede sein, gemeint ist vielmehr, daß die erfahrene Veränderung nicht erfaßbar oder für die Praxis unerheblich ist.

Tabelle 4: Behandlungsbedingungen und Ergebnisse der Vorversuche

pH-Wert	Oxidationsmedium	Behandlungsdauer in h	Ergebnis
1	O_2	192	keine Risse
3	O_2	192	keine Risse
5	O_2	192	keine Risse
7	O_2	192	Risse
8,2	O_2	192	Risse(16,5 h)
9	O_2	192	Risse
10	O_2	192	keine Risse
1	Luft	76	keine Risse
5	Luft	64	keine Risse
7	Luft	96	keine Risse
8,2	Luft	72	Risse
10	Luft	144	keine Risse
8,2	Luft $p=2\cdot 10^5$Pa	72	Risse
8,2	Luft $p=3\cdot 10^5$Pa	26,5	Risse
8,2	Luft $p=4,5\cdot 10^5$Pa	3,5	Risse

Um diese Relevanzgrenze zu ermitteln, wurden die Polyamid-Fasern der unterschiedlichen Provenienzen verschieden lange dauernden Behandlungen - Randbedingungen siehe Erläuterungen auf den Abbildungen - ausgesetzt und anschließend ihre Einflüsse auf das Kraft-Dehnungsverhalten ermittelt. Abb. 11 zeigt am Beispiel des Polyamid-66-Multifilamentgarnes der Provenienz 10 die Veränderung des KD-Verhaltens als Funktion der Behandlungsdauer. Es ist deutlich zu erkennen, daß sich die Lage der KD-Kurve nur im ersten Zeitabschnitt, der Anlaufphase, verändert. Danach ändern sich bis zur Zerstörung durch Spannungsrißkorrosion nur noch die Höchstzugkraft und die Höchstzugkraftdehnung, während die partielle Zugarbeit, die benötigt wird, um das Garn von 5 % auf 10 % zu dehnen, konstant bleibt. Sie drückt also aus, daß sich die Lage der KD-Kurve während der Behandlung nicht verändert, sondern sich nur ihre Höchstwerte verkleinern. Aus diesen o.a. Gründen werden im folgenden an einigen Beispielen die Höchstzugkraft, Höchstzugkraftdehnung und die partielle Zugarbeit als Funktion der Behandlungsdauer betrachtet.

2.2.1 Höchstzugkraft

Die Veränderung der Höchstzugkraft wird im wesentlichen durch den pH-Wert des Behandlungsbades beeinflußt. Sie besteht fast immer in einer Höchstzugkraftabnahme als Funktion der Behandlungsdauer. Dies verdeutlichen die graphischen Darstellungen der Meßwerte in Abb. 12 und 13.

Zunächst verringert sich die Festigkeit nur wenig, dann fällt sie innerhalb relativ kurzer Zeitspanne ziemlich schnell ab. In diesem Zeitintervall konnten unter dem Lichtmikroskop Spannungsrisse beobachtet werden. Die PA-66-Faser der Provenienz 6 erwies sich als die beständigste gegen Spannungsrißkorrosion. Sie hielt einer Behandlung von 200 h (pH 8,2) schadlos stand.

Es sei noch bemerkt, daß die Probenentnahme stündlich erfolgte. Eingezeichnet wurden die arithmetischen Mittelwerte aus jeweils 10 Einzelmessungen.

2.2.2 Höchstzugkraftdehnung

Der Höchstzugkraftdehnungsverlauf der Polyamid-Fasern als Funktion der Behandlungsdauer ist in Abb. 14 und 15 für den pH-Wert 8,2 des Behandlungsbades festgehalten.

Die Werte der Höchstzugkraftdehnung steigen in der ersten Behandlungsphase an. Der Anstieg geschieht aber nicht für alle Fasern gleich schnell und gleich hoch. Er ist jedoch für die einzelnen Fasern bei allen pH-Werten annähernd gleich groß. Wahrscheinlich geschieht dies, da die Fasern beim Benetzen und dem Eindringen des Umgebungsfluids schrumpfen. Dieser Schrumpf wird durch die eingefrorenen Spannungen hervorgerufen. Um ihn auszulösen, bedarf es nur einer geringen Hilfe von außen. Diese Hilfe kommt von dem eindiffundierten Fluid, d.h. die Einfriertemperatur wird erniedrigt. Dadurch und durch die erhöhte Temperatur bei der Behandlung sind Platzwechselvorgänge leichter möglich. Z.B. werden sich Ketten oder Kettenteile, die in der Zwangslage gestreckt waren, wieder zusammenknäueln - Entropiemaximum -.

Schon nach wesentlich kürzeren Zeiten, als dies bei der Höchstzugkraft der Fall ist, fallen die Werte der Höchstzugkraftdehnung einiger Fasern ab, was darauf hindeutet, daß die Abnahme der Höchstzugkraftdehnung der empfindlichste Indikator für eine Schädigung ist. Das Nachlassen der Höchstzugkraftdehnung geschieht oft in zwei Stufen (Kern-Mantel-Struktur).

Einige Fasern, so z.B. die der Provenienz 4, änderten ihre Werte bei längerer Behandlungsdauer bei den pH-Werten 7; 8,2 und 9 nicht mehr, während sie bei pH 5 geschädigt wurden. Hierbei handelt es sich, wie durch Messung der Veränderung der Aminoendgruppenkonzentration ermittelt wurde, um eine hydrolytische Schädigung mit mikroskopisch sichtbaren Spannungsrissen.

2.2.3 Zugarbeit

Die partielle Zugarbeit, die benötigt wird, um die Faser von 5 % bis 10 % zu dehnen, verhält sich in der Anlaufphase des Behandlungsprozesses umgekehrt wie die Höchstzugkraftdehnung, d.h. sie sinkt schnell. Auch hierbei ist die Änderung für alle Fasern nahezu unabhängig vom pH-Wert, so z.B. für die PA-66-Faser der Provenienz 4 um ca. 60 % (bezogen auf den größeren Wert). Nach dem ersten raschen Nachlassen ändern sich die Werte mit der Behandlungsdauer (bis 115 h) - wie aus Abb. 16 und 17 zu ersehen ist - fast nicht mehr. Nur bei pH 8,2 verringert sich ihr Wert bei einigen Fasern, sobald die Spannungsrißkorrosion wirksam wird. Diese erste Veränderung spiegelt die Weichmacherwirkung des eindiffundierten Fluids wider. Das äußert sich in dem flacheren Verlauf der KD-Kurve ebenso wie in der verringerten partiellen Zugarbeit nach der Anlaufphase. Danach bleibt sie konstant, während sich die Höchstzugkraft verringert. Das zeigt, daß für den endgültigen Bruch, ähnlich wie beim Versagen einer Gliederkette, das schwächste Glied oder besser die größte Fehlstelle verantwortlich ist. Die maßgebliche Fehlstelle ist während der Behandlung gewachsen und ist um so größer, je länger die Behandlungszeit ist.

2.2.4 Diskussion des Einflusses der Behandlungsdauer

Die Schädigung einer Faser durch Spannungsrißkorrosion erfordert eine Berührung mit einem Umgebungsfluid, das als Rißbildungsunterstützer wirkt. Dazu muß es von der Faser adsorbiert und absorbiert werden. Das bedingt einen Diffusionsvorgang durch eine Grenzschicht an der Faseroberfläche und in das Faserinnere. Die Diffusion erfordert, ebenso wie die Adsorption, Absorption und die Rißbildung, d.h. das Aufbrechen oder Abgleiten von Ketten, Zeit.

Der Diffusionsvorgang kann durch die beiden FICK'schen Gesetze beschrieben werden. Das erste erklärt den Massestrom der Fluidmoleküle durch eine bestimmte Grenzfläche und das zweite die Änderung der Fluidkonzentration an einem bestimmten Ort.

Bei der Diskussion des Einflusses der Behandlungsdauer ist die Veränderung des Konzentrationsfeldes in der Faser wichtiger als die eindiffundierte Menge des Fluids. Denn im ersten Zeitabschnitt, der Anlaufphase, werden die Fasern durch das absorbierte Fluid, das wie ein Weichmacher wirkt, und den gleichzeitig ausgelösten Schrumpf in der Struktur verändert. Diese Strukturveränderung äußert sich in dem relativ starken Abfall der Höchstzugkraft bei gleichzeitigem Anstieg der Höchstzugkraftdehnung. Noch deutlicher zeigt die partielle Zugarbeit diese Phase.

In Zylinderkoordinaten - diese wurden gewählt, da hier eine zylinderförmige monofile Faser betrachtet werden soll - lautet das 2. FICK'sche Gesetz:

$$\frac{\partial c}{\partial t} = D\left\{\frac{\partial^2 c}{\partial r^2} + \frac{1}{r}\frac{\partial c}{\partial r} + \frac{1}{r^2}\ \frac{\partial^2 c}{\partial \varphi^2} + \frac{\partial^2 c}{\partial z^2}\right\} \tag{1}$$

Wenn berücksichtigt wird, daß die Faser wesentlich länger ist als der Faserdurchmesser und das Fluid von allen Seiten gleichmäßig in die Faser eindringen kann, vereinfacht sich die Gleichung (1) zu:

$$\frac{\partial c}{\partial t} = \frac{1}{r}\ \frac{\partial}{\partial r}\left[rD\ \frac{\partial c}{\partial r}\right] \tag{2}$$

Die Anfangs- und Randbedingungen, die zum Auffinden der Integrationskonstanten in der Lösung dieser partiellen Differentialgleichung benötigt werden, ergeben sich daraus, daß die Fluidkonzentration im Behandlungsbad innerhalb einer Versuchsserie stationär und konstant gehalten wurde und sie sich in der Faser mit der Behandlungsdauer änderte.

Anfangsbedingungen (AB):

zur Zeit $t = 0$ gilt: $c = c_0$ an der Stelle $r = R$
und $c = 0$ an der Stelle $r = 0$

mit $R \mathrel{\hat{=}}$ Faserradius und $r \mathrel{\hat{=}}$Radius der Zylinderkoordinate

Randbedingungen (RB):

zur Zeit t O gilt: $c = f(r)$ für $0 \leq r \leq R$
und $c = c_0$ für $r = R$

Dann lautet die Lösung der Gleichung (2):

$$c = c_o \left[1 - \frac{2}{R} \sum_{n=1}^{\infty} \frac{1}{\alpha_n} \frac{J_o(r\,\alpha_n)}{J_1(R\,\alpha_n)} \; e^{-D\,\alpha_n^2 \cdot t} \right] +$$

$$+ \frac{2}{R^2} \sum_{n=1}^{\infty} e^{-D\,\alpha_n^2\,t} \; \frac{J_o(r\,\alpha_n)}{J_1^{\,2}(R\,\alpha_n)} \int r\, f(r)\, J_o(r\,\alpha_n)\, dr \qquad (3)$$

worin α_n die positiven Wurzelwerte von $J_o(R\,\alpha_n) = 0$ sind, d.h. die Eigenwerte der BESSEL-Funktion erster Art und nullter Ordnung [128].

Falls die Konzentration am Anfang in der ganzen Faser einheitlich ist, d.h. $f(r)_o = C_1$ (das bedeutet, daß die Faser schon Feuchtigkeit enthält), vereinfacht sich die Gleichung (3) zu

$$\frac{C - C_1}{C_o - C_1} = 1 - \frac{2}{R} \sum_{n=1}^{\infty} \frac{e^{-D \cdot \alpha_n^2 \cdot t} \cdot J_o(r\,\alpha_n)}{\alpha_n \cdot J_1\,(R\,\alpha_n)} \qquad (4)$$

Einige Lösungen dieser Gleichung (4) sind in Abb. 18 dargestellt. Anhand dieser Lösungen und der aus mikroskopischen Aufnahmen gewonnenen Größenordnungen des Faserkerns und des Mantels soll nachgeprüft werden, ob die Behandlungszeiten, zu denen sich die Höchstzugkraft und Höchstzugkraftdehnung in Stufen verändern, mit den Zeiten vergleichbar sind, in denen die Konzentrationsfront des eindiffundierten Mediums die Grenzfläche zwischen Kern und Mantel erreicht, d.h. ob die Diffusion der geschwindigkeitsbestimmende Reaktionsschritt ist.

Wenn im Falle einer Kern-Mantel-Struktur die Manteldicke z.B. $\frac{1}{6}$ des Faserdurchmessers ist, ergibt sich der Quotient $r/R = \frac{2/3}{3/3} = 0,67$. Dieser Wert wurde bei dünnen Fasern aus mikroskopischen Aufnahmen ermittelt; bei Drähten betrug er z.B. $r/R = 0,04$, d.h. bei den dünnen Fasern wird die längste Zeit benötigt, bis die Diffusionsfront den Faserkern erreicht.

Aus dem Diagramm ist ersichtlich, daß zu dem Quotient $r/R = 0{,}67$ ein Wert für $\frac{D \cdot t}{R^2} = 0{,}005$ gehört. Daraus folgt für die Eindringzeit von Wasser

$$t = \frac{0{,}005 \cdot R^2}{D} = \frac{5 \cdot 10^{-2} \cdot 16{,}3^2 \cdot 10^{-12}\ m^2 \cdot s}{28{,}233 \cdot 10^{-10}\ m^2}$$

$$t = \frac{1328{,}45 \cdot 10^{-14} \cdot s}{28{,}233 \cdot 10^{-10}} = 47{,}053 \cdot 10^{-4}\ s = t = 4{,}7\ ms$$

worin der Diffusionskoeffizient sich nach der Formel von BARRER [126]

$$D = Do \cdot e^{-\frac{E}{R \cdot T}}$$

berechnet.

Dabei gilt

$$Do = 23\ m^2/h \quad \text{für Wasser in Polyamid 6}$$

$$E = 15{,}1\ kcal/mol$$

$$R = 8{,}31\ kJ/mol \cdot K = 1{,}986\ ^{kcal}/kmol \cdot K$$

$$T = 273\ K + 80\ K = 353\ K$$

$$D = 23\ \frac{m^2}{h} \cdot e^{-\frac{15{,}1\ kcal \cdot kmol \cdot K \cdot 10^3 \cdot mol}{mol \cdot 1{,}986\ kcal \cdot 353\ K \cdot kmol}}$$

$$= 23\ \frac{m^2}{h} \cdot e^{-21{,}5389}$$

$$= 6{,}389 \cdot 10^{-3}\ \frac{m^2}{s} \cdot e^{-21{,}54} = 6{,}389\ 10^{-3}\ \frac{m^2}{s} \cdot \frac{1}{e^{21{,}54}}$$

$$D = 6{,}389 \cdot 10^{-3}\ \frac{m^2}{s}\ 4{,}419 \cdot 10^{-10} = 28{,}233 \cdot 10^{-10}\ \frac{m^2}{s}$$

Bis zu dem Zeitpunkt, da die Faser fast gleichmäßig durchdrungen ist, d.h. $C - C_1/C_o - C_1 = 0{,}98$ dauert es

$$t = \frac{0{,}8 \cdot 16{,}3^2 \cdot 10^{-12}\ m^2 \cdot s}{28{,}233 \cdot 10^{-10}\ m^2}$$

$$= \frac{212{,}552 \cdot 10^{-2}\ s}{28{,}233} = 7{,}528 \cdot 10^{-2}\ s$$

$$t = 75{,}3\ ms$$

Diese Zeiten zeigen deutlich, daß die Spannungsrißkorrosion nicht diffusionskontrolliert ist, denn die Zeiten sind viel kürzer als die bis zum Sichtbarwerden der Risse. Es ist also der Relaxationsvorgang der bedeutendere Schritt für die Faserschädigung, denn wie unter Punkt B. 2.2 gezeigt wurde, tritt als Folge der größeren Diffusionsgeschwindigkeit in den Crazes ein Abbau der eingebauten Spannungen auf. Dieser Abbau äußert sich in einer Relaxation einzelner Ketten oder Kettensegmente, so daß die restlichen noch gespannten die Kräfte übertragen müssen. Diese Beanspruchungen können zu einer Überlastung führen, was zu einer Zerstörung einzelner Ketten bzw. zum Abgleiten führt. Es entstehen Risse, die im Falle einer Kettenzerstörung durch chemischen Umsatz Spannungsrißkorrosion hervorrufen.

2.3 Einfluß der Temperatur

Ein zweiter großer Anteil der Experimente galt dem Einfluß der Behandlungstemperatur auf die Spannungsrißkorrosion. Dazu wurde das Verhalten der Polyamid-6-Multifilamentgarne der Provenienz 1 zunächst bei den Badtemperaturen 60 °C, 80 °C und 95 °C untersucht, wobei die Proben spannungslos und unter verschiedenen feinheitsbezogenen Fadenzugkräften bis zu σ_F = 0,1 N/tex behandelt wurden. Die Ergebnisse sind in Abb. 19 graphisch dargestellt.

Im Falle einer spannungslosen Behandlung bei einer Badtemperatur von 80 °C konnte sich das Material ca. 30 h einer korrosiven Rißbildung widersetzen. Wurde es im Bad unter Spannung gehalten, verkürzten sich die Zeiten erheblich.

Zur weiteren Temperaturerhöhung auf 110 °C und 130 °C mußte das Wasserbad während der Behandlung unter Druck gehalten werden. Darum wurden die nachstehend beschriebenen und in Abb. 20 - 25 dargestellten Ergebnisse durch Versuche in einem Autoklaven ermittelt. Hierbei wurden gleichzeitig mit dem Original der Provenienz 1 vier thermo-mechanisch vorbehandelte Fasern gleicher Herkunft eingesetzt. Aus apparatetechnischen Gründen konnten die Fasern dabei nur spannungslos eingehängt werden.

Diese Temperaturveränderung unter gleichzeitiger Druckerhöhung machte sich durch eine deutliche Verkürzung bis zur Schädigung der Fasern durch Spannungsrißkorrosion bemerkbar. Um zu entscheiden, welcher der beiden Parameter die größere Relevanz hatte, mußte auch der Druck bei konstanter Temperatur systematisch variiert werden.

2.4 Einfluß des Druckes

Das Ausmaß des Druckeinflusses hinsichtlich der Beständigkeit gegen Spannungsrißkorrosion von Polyamid-Fasern bei einer Behandlung in korrosiven Medien spiegelt sich in Abb. 20 - 25 wider. Die angewandten Drucke waren $1,45 \cdot 10^5$ Pa, $2,7 \cdot 10^5$ Pa und $4,5 \cdot 10^5$ Pa. Bei den beiden erstgenannten handelt es sich um die ungefähren Siededrucke von Wasser bei Temperaturen von 110 °C bzw. 130 °C. Um ein Blasensieden zu vermeiden, wurden die exakten Drucke bei der Durchführung der Experimente geringfügig überschritten. Der höchste Druck wurde durch die technische Auslegung der Autoklavdichtung bestimmt. Ebenso mußte aus Sicherheitsgründen (Explosionsgefahr) auf eine Sättigung der Pufferlösung im Autoklaven mit reinem Sauerstoff verzichtet werden. Darum wurde CO_2-freie Luft verwendet. Die Badtemperaturen betrugen 80 °C, 110 °C und 130 °C. Die erstgenannte sollte den Anschluß an die "drucklosen" Messungen mit O_2-gesättigtem Wasserbad gewährleisten, während die beiden anderen in der Praxis angewandte Wasch- bzw. Färbetemperaturen sind.

Wie aus Abb. 24 und 25 zu ersehen ist, verlängert sich die Behandlungsdauer z.B. bis zum Absinken der Höchstzugkraft auf 0,2 N/tex von $t_{SR} = 0,47$ h bei einem Druck von $p = 4,5 \cdot 10^5$ und einer Behandlungstemperatur $T_{Bad} = 130$ °C auf $t_{SR} = 1,15$ h bei $p = 2,7 \cdot 10^5$ Pa und derselben Temperatur für das Originalmaterial. Damit verlängert sich die Zeit um ca. 60 % bei einer Druckerniedrigung von ca. 40 %.

Wird dagegen bei einem konstanten Druck von $4{,}5 \cdot 10^5$ Pa die Temperatur von 130 °C auf 110 °C gesenkt, d.h. um ca. 15 %, so verdoppelt sich die Beständigkeit des Materials, und bei Atmosphärendruck steigt sie mit der Temperatur - siehe Gegenläufigkeit der Löslichkeit und des Diffusionskoeffizienten als Funktion der Temperatur - Abb. 26 - (Punkt E. 2.4.1). Einer Temperaturerniedrigung um ca. 40 % entspricht eine Zunahme der Standzeit von ca. 97 %. Alle Prozentangaben wurden hierbei auf die jeweils größeren Werte bezogen.

Diese beiden Beispiele verdeutlichen die große Bedeutung der beiden Einflußgrößen Druck und Temperatur, wobei die Temperatur die größere Relevanz hat.

Die Höchstzugkraftdehnung der unbehandelten und thermomechanisch vorbehandelten Polyamid-6-Multifilamentgarne nimmt in der ersten Behandlungsphase unter Druck - wie auch bei den drucklos behandelten Proben - zu. Sie sinkt aber schon bald und durchläuft einen Sattelpunkt, der mit sinkender Temperatur immer ausgeprägter wird.

Die Größe des Zeitabschnittes, in dem die partielle Zugarbeit konstant bleibt, verkleinert sich mit steigender Temperatur wie auch mit steigendem Druck.

2.4.1 Diskussion der Temperatur- und Druckeinflüsse

Der Zerstörungsvorgang wird durch die verschiedenen Behandlungsparameter beschleunigt oder behindert. Wichtige Parameter sind die Badtemperatur und der Druck. Sie beeinflussen die Spannungsrißkorrosion durch die Diffusionsgeschwindigkeit und Fluidkonzentration, wie aus Abb. 26 zu ersehen ist, in zwei entgegengesetzten Richtungen.

Während die Diffusionsgeschwindigkeit von Wasser in Polyamid mit der Temperatur steigt, sinkt die Löslichkeit von Sauerstoff mit steigender Temperatur.

Die Steigerung des Diffusionskoeffizienten erklärt sich aus der größeren Kettenbeweglichkeit bei höheren Temperaturen, was sich auch in dem relativ starken Anstieg in der Nähe der

Einfriertemperatur - die in H_2O unterhalb der Raumtemperatur liegt - zeigt. Die Abnahme der Löslichkeit ist in der Temperaturabhängigkeit der chemischen Potentiale des Gases und des Lösungsmittels begründet. Diese beiden gegenläufigen Wirkungen (Steigerung des Diffusionskoeffizienten und Verringerung des treibenden Potentials) führen zu einem Betriebsoptimum bei einer Badtemperatur von ca. 80 ^{o}C. Es zeigte sich deutlich ein Ansteigen der Schädigungsdauer unterhalb und oberhalb von 80 ^{o}C.

Eine Erhöhung des treibenden Stoffaustauschpotentials, d.h. der Sauerstoffkonzentration oder besser der Partialdichte, konnte durch die Erhöhung des Drucks im Behandlungsbad bei konstanter Temperatur gemäß dem HENRY'schen Gesetz erreicht werden. Dabei gilt:

$$c = \frac{n}{V} = \alpha \cdot p$$

mit α ≙ BUNSEN'scher Absorptionskoeffizient.

Die Konzentration steigt mit dem Druck linear, vorausgesetzt, die gelösten Mengen sind klein. Die Schädigungsdauer sinkt jedoch überproportional, da der Diffusionskoeffizient ebenfalls erhöht wird.

2.5 Einfluß der Faserfeinheit

Der Einfluß der Faserfeinheit auf die Spannungsrißkorrosion konnte anhand der vorliegenden Meßergebnisse nicht geklärt werden, da die verschiedenen Multifilamentgarne auch bei einem Bezug auf den Einzeltiter keine exakten Aussagen zulassen. Das liegt hauptsächlich daran, daß z.B. die beiden PA-66-Multifilamentgarne der Provenienz 5 und 6 zwar gleiche Einzeltiter haben, aber die Anteile an Spurenelementen ganz unterschiedlich sind. Oder so zeigt z.B. das Multifilamentgarn der Provenienz 10 Spannungsrisse, während bei dem der Provenienz 7 keine zu finden waren, obwohl sie beide annähernd gleiche Einzeltiter hatten.

Dennoch bieten die Werte der Versuchsreihe des mattierungsmittelfreien PA-6-Monofils, tex 44, Ansätze zu einem Vergleich mit denen des mattierungsmittelfreien PA-6-Multifilamentgarns tex 16 f 18 der Provenienz 1 (siehe Abb. 19). Daß das Monofil schneller geschädigt wird, steht im Widerspruch zum ersten FICK'schen Gesetz, da die spezifische Faseroberfläche beim Multifil größer ist als beim Einzelfilament gleichen Titers.

Solange nicht alle Strukturparameter in die Betrachtung mit einbezogen werden, können keine an verschiedenen Materialien gewonnenen Ergebnisse exakt miteinander verglichen werden.

So ist die tatsächlich wirksame Oberfläche von größerem Einfluß auf die Diffusion als die errechnete. Was aber ist die tatsächliche Oberfläche? Wird sie etwa durch die Grenzschichtgestalt zwischen Faser und Fluid bestimmt?

Im Falle eines Stoffübergangs durch freie Konvektion an einem Monofilament mit kreisrundem Querschnitt bildet sich auch eine kreiszylinderförmige Fluidgrenzschicht - vorausgesetzt, es ist keine Gefäßwand in der Nähe - an der Faseroberfläche aus, durch die der Sauerstoff zur Faser diffundiert.

Handelt es sich dagegen um ein leicht verzwirntes Multifilament, worin die einzelnen Filamente eng aneinanderliegen, nehmen große Teile der Faseroberfläche gar nicht an der Grenzschichtausbildung teil. In anderen Bereichen bilden sich sogenannte Totwassergebiete aus, die nur erschwert am Stoffaustausch beteiligt sind. Schließlich kommt es dadurch auch zu einer Grenzschicht unterschiedlicher Dicke, so daß die Diffusion in Bereichen, in denen die Grenzschicht dicker ist, nur langsamer stattfinden kann. Das ist aber nur bedeutend, wenn die Grenzschichtdiffusion der geschwindigkeitsbestimmende Schritt ist. Andererseits sind die Zeiten so groß, daß diese Grenzflächendiffusion nicht als geschwindigkeitsbestimmend angesehen werden kann.

2.6 Einfluß des pH-Wertes

Festzustellen, wie die Anfälligkeit für Spannungsrißkorrosion der Polyamid-6- und -66-Multifilamentgarne durch den pH-Wert des Behandlungsbades beeinflußt wird, war das Ziel der nachfolgend beschriebenen Versuche. Es wurden das Polyamid-6-Multifilamentgarn der Provenienz 1 und die drei Polyamid-66-Multifilamentgarne der Provenienz 8 - 10 verwendet, da die anderen innerhalb einer Behandlungszeit von 200 h keine Spannungsrißkorrosion erkennen ließen. Dabei wurden die Messungen bei den pH-Werten 5; 7; 8,2 und 9 durchgeführt. Diese Werte hatten sich während der Vorversuche herausgeschält, durch die sich gezeigt hatte, daß unterhalb von pH 5 die Fasern hauptsächlich durch Hydrolyse geschädigt werden und oberhalb von pH 9 die Schädigung durch Spannungsrißkorrosion sehr langsam vonstatten geht bzw. die Fasern durch alkalische Hydrolyse abgebaut werden.

2.6.1 Behandlungsdauer

Zunächst wurden die Polyamid-Multifilamentgarne spannungslos in das Bad gegeben, um die Einflüsse des pH-Wertes als Funktion der Behandlungsdauer auf die Höchstzugkraft zu studieren. Die gefundenen Meßwerte wurden für Polyamid-6-Multifilamentgarne in den Diagrammen der Abb. 27 und für die aus PA-66 in denen der Abb. 28-30 dargestellt.

In allen untersuchten Fällen werden die Fasern bei pH 8,2 am schnellsten durch Spannungsrißkorrosion geschädigt. Bei der Provenienz 8 folgt der pH-Wert 5 vor pH 7. Hier wie auch bei der Provenienz 10 macht sich schon der Einfluß der Hydrolyse bemerkbar. Dies wurde durch die Veränderung des Aminoendgruppengehaltes nachgewiesen. Die PA-66-Multifilamentgarne der Provenienz 8 und 9 werden bei pH 9 am wenigsten angegriffen. Im Falle der Provenienz 10 ist es pH 7. Diese Faser verliert bei pH 9 nach 10 - 12 h stark an Festigkeit, dann widersetzt sie sich einer endgültigen Zerstörung noch recht lange.

2.6.2 Fadenzugkraft

Sobald die Multifilamentgarne während der Behandlung unter Spannung gesetzt werden, verringern sich die Zeiten bis zum Auftreten des ersten Spannungsrisses. So sinken sie z.B. bei Multifilamentgarnen der Provenienz 8 bei pH 8,2 unter der fünffachen Fadenzugkraft auf ein Fünftel der Zeit einer spannungslosen Behandlung.

Während sich die Zeiten bis zum Auftreten des ersten Spannungsrisses aller PA-66-Multifilamentgarne bei pH 8,2 sofort nach dem Anlegen einer Belastung verkürzen, entwickelt sich bei pH 5 unter der Fadenzugkraft von 0,01 N/tex ein Stabilitätsmaximum. Wird die Spannung vergrößert, verkleinern sich die zur Spannungsrißkorrosion notwendigen Behandlungszeiten (siehe Abb. 31 - 34).

2.6.3 Diskussion des pH-Wert-Einflusses

Das Schädigungsmaximum bei einem pH-Wert von 8,2 erklärt sich aus den Versuchen von VACHON [116]. Er hatte die Sauerstoffabsorptionsgeschwindigkeit in unverstreckten und verstreckten Polyamid-66-Multifilamentgarnen als Funktion des pH-Wertes untersucht und dabei festgestellt, daß die Sauerstoffaufnahmegeschwindigkeit bei pH 8,2 ein deutliches Maximum hat (s. Abb. 35).

Daß bei den o.a. Versuchen zur Spannungsrißkorrosion (siehe E. 2.6.1 und 2.6.2) der pH-Wert 5 ein relatives Maximum zeigt, erklärt sich aus einer Überlagerung der einsetzenden Hydrolyse mit der Schädigung durch Spannungsrißkorrosion.

Die Beteiligung der Hydrolyse konnte durch eine Zunahme der Aminoendgruppenkonzentration nachgewiesen werden.

2.7 Einfluß von UV-Licht

Die Ergebnisse der vorstehend beschriebenen Versuche deuten im pH-Wertbereich von 7 - 9 auf eine radikalisch verlaufende Oxidation des Polyamids hin. Deshalb wurden durch eine photochemische Reaktion verstärkt Sauerstoffradikale erzeugt. Sauerstoff absorbiert im fernen Ultraviolett zwischen 160 und 180 nm sehr stark. Jedes Lichtquant, das absorbiert wird, spaltet ein Sauerstoffmolekül in zwei Sauerstoffatome,

$$O_2 + h \cdot \nu \longrightarrow 2 \cdot O \quad .$$

Hieraus wird O_3 gebildet , das bei genügendem Angebot an Sauerstoff wieder zerfällt. Durch diese oben angedeuteten Reaktionen werden mehr reaktionsfreudige Radikale zur Verfügung gestellt als ohne eine ultraviolette Bestrahlung. Eine genaue Beschreibung des Reaktionsmechanismus befindet sich bei KRÜSSMANN [107,111].

Die Ergebnisse dieser Untersuchungen, die in Abb. 36 dargestellt sind, bestätigen die Vermutung, daß unter den o.a. Umständen die Multifilamentgarne schneller zerstört werden. So vergehen bei den Multifilamentgarnen der Provenienz 1, falls sie spannungslos behandelt werden, 0,5 h bis zum ersten Spannungsriß. Wird das PA-6-Multifilamentgarn gar unter einer feinheitsbezogenen Fadenzugkraft von 0,1 N/tex bestrahlt, verkürzt sich die Behandlungszeit auf 10 min.

Die zweite, weiter rechts liegende Kurve stellt die Meßwerte dar, die die Behandlungsdauer bis zum Bruch mit der feinheitsbezogenen Fadenzugkraft verknüpft. Der Kurvenverlauf ist dem anderen sehr ähnlich.

Die kurzen Behandlungszeiten bis zum Auftreten der Spannungsrißkorrosion unterstützen die o.a. Hypothese. Die Werte der zweiten Kurve in Abb. 36 deuten auf eine Kettenreaktion hin, die sich zum Teil auch aus dem Versagen der Kettenmoleküle erklärt, das durch die resultierende mechanische Überlastung entsteht. Dieses Brechen wird durch die Gegenwart reaktionsfreudiger Radikale noch begünstigt.

Es ist noch zu bemerken, daß die Fasern bei den Versuchen einseitig bestrahlt wurden. Dies zeigte sich auch deutlich bei den mikroskopischen Auswertungen.

2.8 Spannungsrißkorrosionsversuche an thermo-mechanisch vorbehandelten Polyamid-6-Multifilamentgarnen

Zur Aufdeckung des Einflusses der thermo-mechanischen Vorbehandlung hinsichtlich der Anfälligkeit auf Spannungsrißkorrosion wurden vier bzw. fünf thermo-mechanisch vorbehandelte Multifilamentgarne (siehe hierzu 1.2, Tabelle 3) untersucht. Es handelte sich dabei um die bei T_v = 140 °C spannungslos und unter einer feinheitsbezogenen Fadenzugkraft von 0,05 N/tex thermo-mechanisch vorbehandelten und die bei T_v = 200 °C spannungslos und mit σ_v = 0,05 N/tex vorbehandelten PA-6-Multifilamentgarne, tex 16 f 18, der Provenienz 1. Das fünfte hatte eine Vorbehandlungstemperatur von 180 °C unter einer ziemlich geringen, aber in der Praxis häufig vorkommenden Spannung von 0,005 N/tex erfahren. Zum Vergleich wurde stets das Verhalten des unbehandelten Multifilamentgarnes gleicher Provenienz in die Diagramme mit eingezeichnet.

2.8.1 Einfluß der Behandlungsdauer

Zunächst wurden die vier erstgenannten thermo-mechanisch vorbehandelten Multifilamentgarne zusammen mit den unbehandelten unterschiedlich lange Zeit im sauerstoffgesättigten Wasserbad behandelt und ihr Verlust an Höchstzugkraft, Höchstzugkraftdehnung und Zugarbeit gemessen.

Die für den Höchstzugkraftverlust gefundenen Werte sind in Abb. 37 wiedergegeben. Eine Probenentnahme erfolgte stündlich. Jeder Meßpunkt ist ein Mittelwert aus 10 Einzelmessungen.

Wie schon unter Punkt 1.2.1 beschrieben, lagen alle thermomechanisch vorbehandelten PA-6-Multifilamentgarne in ihrer Ausgangsfestigkeit deutlich niedriger als die unbehandelten.

Die geringste hatte das bei T_V = 200 °C spannungslos behandelte Multifilamentgarn. Es verlor auch zuerst - nach ca. 7 h - den größten Teil seiner Festigkeit. Jedoch wurden erst nach ca. 20 h, wenn es praktisch keine Festigkeit mehr hatte, unter dem Lichtmikroskop Spannungsrisse sichtbar, d.h. zu Beginn der starken Schädigung waren die Risse zwar noch sehr klein, aber schon deutlich wirksam. Bei den anderen war dies schon der Fall, sobald sie merklich an Festigkeit verloren hatten, d.h. nach ca. 17 - 24 h. Diese verhielten sich auch sehr ähnlich zum Originalmaterial. Das unter 200 °C/0,05 N/tex vorbehandelte Multifilamentgarn widersetzt sich am längsten - 24 h - einer merklichen Schädigung bei korrosiver Behandlung.

Wurden die o.a. Multifilamentgarne im luftgesättigten Wasserbad unter erhöhtem Druck von z.B. $4{,}5 \cdot 10^5$ Pa behandelt, zeigten sie im wesentlichen gleiches Verhalten. Die Behandlungszeiten bis zur Schädigung durch Spannungsrißkorrosion verkürzten sich, bedingt durch die größere Diffusionsgeschwindigkeit von Sauerstoff in Polyamid, jedoch erheblich. Die Meßergebnisse dieser Untersuchungen sind in Abb. 20 - 25 dargestellt.

Die Höchstzugkraftdehnung sinkt bei allen Multifilamentgarnen nach ca. 5 - 7 h Behandlungsdauer um einen unterschiedlichen Betrag - siehe Abb. 38 -, dann verläuft sie eine Weile fast konstant.

Werden die Behandlungszeiten länger, so differiert das Verhalten der Garne beträchtlich. Ähnlich dem Original verhält sich das bei T_V = 140 °C spannungslos "fixierte" Material. Auch in dieser Darstellung wird die schnellere Zerstörung des bei 200 °C spannungslos behandelten Garnes deutlich. Die beiden bei 140 °C behandelten Garne fallen hinsichtlich ihrer Höchstzugkraftdehnung im ersten Schritt wesentlich weniger ab als die bei der hohen Temperatur vorbehandelten. Das könnte mit einer unterschiedlichen radikalen Strukturverteilung zusammenhängen.

2.8.2 Fadenzugkraft

Wurden die fünf thermo-mechanisch vorbehandelten Garne während der Behandlung in dem die Spannungsrißkorrosion fördernden Bad unter Spannung gesetzt, kam es keineswegs immer zu einer schnelleren Schädigung als im spannungslosen Fall. Die ermittelten Werte sind in Tabelle 5 aufgeführt.

Tabelle 5: Behandlungsdauer bis zum 1. Spannungsriß bei unterschiedlich vorbehandelten PA-6-Multifilamentgarnen
T_v ≙ Vorbehandlungstemperatur in °C
σ_v ≙ feinheitsbezogene Fadenzugkraft bei der Vorbehandlung in N/tex
σ_F ≙ feinheitsbezogene Fadenzugkraft bei der Behandlung in N/tex

vorbehandelt bei		Behandlungsdauer bis zum 1. Spannungsriß t_{SR} in h				
T_v in °C	σ_v in N/tex	σ_F=0	σ_F=0,01	σ_F=0,02	σ_F=0,05	σ_F=0,10
Orig.	-	18	23	<u>24</u>	10	2
140	0	17	47	<u>80</u>	26,5	4
140	0,05	22	42	<u>47</u>	24,5	8
180	0,005	21	31	<u>49,5</u>	20,5	4,5
200	0	20	21,5	<u>24,5</u>	19,5	3,5
200	0,05	24	29,5	<u>36</u>	18	5,5

Die angegebenen Zeiten stellen arithmetische Mittelwerte aus 5 Einzelmessungen dar.

Alle Multifilamentgarne zeigten bei der Fadenzugkraft σ_F = 0,02 N/tex ein Stabilitätsmaximum bis zum ersten Spannungsriß (siehe Tabelle 5 und Abb. 39). Die bei T_v = 200 °C spannungslos thermo-mechanisch vorbehandelten Garne wurden am schnellsten geschädigt, sobald an sie eine Behandlungsspannung angelegt wurde. Im Falle einer Fadenzugkraft von

0,02 N/tex erwies sich das bei T_V = 140 ^{o}C spannungslos vorbehandelte Garn am widerstandsfähigsten gegen Spannungsrißkorrosion. Es zeigte allerdings bei der spannungslosen Behandlung die geringste Widerstandskraft. Wurden die angelegten Fadenzugkräfte vergrößert, verringerten sich die benötigten Schädigungszeiten der spannungslos vorbehandelten Multifilamentgarne auf 3,5 h bzw. 4 h. Wurden die PA-6-Garne unter einer Fadenzugkraft von 0,05 N/tex vorbehandelt, lagen die Spannungsrißkorrosionszeiten deutlich über ihren spannungslos (bei T_V = 200 ^{o}C) vorbehandelten Verwandten. Betrug die Vorbehandlungstemperatur 140 ^{o}C, verhielten sich die Zeiten umgekehrt zu dem o.a. Fall.

Zusammenfassend muß festgestellt werden, daß alle thermomechanisch behandelten Multifilamentgarne, sobald sie unter Spannung behandelt werden, gegen Spannungsrißkorrosion widerstandsfähiger werden. Dies gilt nicht für eine spannungslose Korrosionsbehandlung.

Die Anlage zur Spannungsrißkorrosion kann also, wie die Versuche zeigen, durch eine thermo-mechanische Vorbehandlung der Polyamid-Multifilamentgarne beeinflußt werden. Eine solche Vorbehandlung bewirkt eine spannungsabhängige Längenänderung. Diese Änderung äußert sich als ein Schrumpf, falls die Vorbehandlung spannungslos ist. Der Betrag dieses Schrumpfes wird mit zunehmender Spannung kleiner; oberhalb von σ_V = 0,05 N/tex geht er für PA-6-Multifilamentgarne in eine Längenzunahme über.

Außerdem steigt sowohl bei spannungslos thermo-mechanisch vorbehandelten als auch bei Multifilamentgarnen, die unter Spannung thermisch vorbehandelt wurden, mit steigender Vorbehandlungstemperatur die Dichte des Fasermaterials. Das bedeutet eine Zunahme des Kristallanteils, der wahrscheinlich auf Kosten des vororientierten nichtkristallinen Anteils gewachsen ist. Die gleiche Faser, die bei einer Vorbehandlungstemperatur von 200 ^{o}C spannungslos vorbehandelt wurde und die eine ziemlich große Dichte hat, nimmt, wie TÜRK [122] zeigte, die kleinste Menge Farbstoff auf.

Die durch eindiffundierte oder innen gebildete Radikale ausgelöste Kettenaufspaltung kann in den Kristallbereichen nicht stattfinden, da dazu erst der Kristall aufgelöst werden müßte. Deshalb findet sie mit Sicherheit im nichtkristallinen Bereich statt. Wird weiterhin berücksichtigt, daß die Faser mit der größten Dichte nicht nur den größten Kristallanteil hat, sondern, daß hierin folglich auch die meisten Ketten in Zwangslagen eingebaut sind, wird eine unter diesen Bedingungen vorbehandelte Faser auch eher für Spannungsrißkorrosion anfällig sein, da diese Ketten durch fortgeschrittene Entmischung des Systems besser zugänglich sind. Diese Vermutung wird durch das Verhalten der o.a. Multifilamentgarne (siehe <u>Abb. 38</u>) bestätigt. Die Spannungsrißkorrosion beginnt sehr wahrscheinlich durch ein ganz gezieltes Aufbrechen von Kettenmolekülen, die unter eingefrorenen Spannungen stehen, d.h. im orientiert nichtkristallinen Strukturanteil. Hierauf deuten auch die Messungen der Viskositätszahl- bzw. Molekulargewichtsveränderungen nach einer Spannungsrißkorrosionsbehandlung hin. Da es sich um statistische Mittelwerte handelt, konnte eine Abnahme erst nach sehr starkem Festigkeitsverlust bemerkt werden. Zur besseren Bestimmung einer Kettenlängenveränderung durch die korrosive Behandlung hätte eine Molekulargewichtsverteilung ermittelt werden müssen. Dies ist jedoch wegen des großen und schwierigen experimentellen Aufwandes unterblieben.

2.9 Veränderung der Carbonylgruppenanzahl

Tabelle 6: Veränderung der Carbonylgruppenanzahl

Provenienz	Faserfeinheit	Behandlungsdauer t_{SR} in h	Korrosionsmedium	Carbonylgruppengehalt in mMol/kg	Veränderung in %
1	tex 16 f 18	0	-	6,2	= 0
1	tex 16 f 18	94	Luft	35,4	470
1	tex 16 f 18	94	O_2	99,8	1510

Zum Nachweis einer oxidativen Schädigung wurde die Veränderung der Carbonylgruppenanzahl an dem PA-6-Multifilamentgarn der Provenienz 1 untersucht. Das unbehandelte Ausgangsmaterial hatte einen Carbonylgruppengehalt von 6,2 mMol/kg. Nach einer 94-stündigen spannungslosen Behandlung - wonach deutlich Spannungsrisse zu erkennen waren - hatte sich der Gehalt auf 35,4 mMol/kg erhöht. Dabei war die Pufferlösung pH 8,2 im Autoklav luftgesättigt. Sie stand unter einem Druck von $p = 2{,}5 \cdot 10^5$ Pa und hatte eine Temperatur von 80 °C.

Wurde die gleiche Pufferlösung (pH 8,2 ; T_{Bad} = 80 °C) O_2-gesättigt und das o.a. Multifilamentgarn hierin 94 Stunden spannungslos behandelt, so hatte es keine Festigkeit mehr. Der Carbonylgruppengehalt war auf 99,8 mMol/kg gestiegen.

Die Ergebnisse bestätigen die Vermutung einer oxidativen Schädigung des Fasermaterials bei der Spannungsrißkorrosion. Auf eine solche oxidative Schädigungsmöglichkeit hatte SCHLACK [98] schon 1941 hingewiesen. Nach den Arbeiten von KRÜSSMANN [106] und VALK et al. [107,111] ist bekannt, daß eine solche oxidative Schädigung radikalisch verläuft.
Eine Radikalbildung kann durch Zufuhr mechanischer, thermischer und Strahlungsenergie begünstigt werden. Dies haben z.B. HERLINGER [105] und SIPPEL [99] ebenso gezeigt wie die o.a. Versuchsergebnisse (UV-Licht, Fadenzugkraft).

2.10 Orientierende Versuche zur Spannungsrißkorrosion

In einer Reihe orientierender Versuche wurde u.a. ein mattiertes Polyamid-6-Multifilamentgarn, tex 4,4 f 9, der Provenienz 3 gewaschen, um eventuell die Stabilisierungszusätze, wie es früher HERLINGER [105] gelungen war, aus der Faser herauszuwaschen. Dies gelang durch eine Wäsche mit destilliertem Wasser, das stündlich erneuert wurde, bei 80 °C innerhalb von 26 h nicht, da die Faserzusätze heute durch Komplexbildung mit eingesponnener Polyphosphorsäure weitgehend im Fasermaterial zurückgehalten werden. Deshalb wurde der umgekehrte Weg beschritten, indem das unmattierte Polyamid-6-Multifilamentgarn der Provenienz 1 in sauerstoffgesättigten Bädern, die mit verschiedenen Zusätzen versehen waren, behandelt wurde.

Als Zusatzmittel wurden solche gewählt - siehe Tabelle 7 -, wie sie in der Praxis z.B. beim Waschen oder Färben von Textilien vorkommen und auch gezielt als Hilfsmittel eingesetzt werden. Die Ausgangslösung war jedesmal eine O_2-gesättigte Pufferlösung von pH 8,2. Hierin wurden die Zusätze gelöst. Die Badtemperatur betrug T_{Bad} = 80 °C.

Die in der Tabelle angegebenen Werte stellen Mittelwerte dar. Bei den hohen Belastungen (0,05 und 0,1 N/tex) wurden sie aus 5 Messungen gebildet, bei den anderen aus 3.

Chrom(III)-chlorid

Als erstes Zusatzmittel wurde Chrom(III)-chlorid ($[CrCl_2(H_2O)_4]Cl \cdot 2\ H_2O$) verwendet. Dadurch veränderte sich der pH-Wert der Lösung von 8,2 auf 2,8. Chrom(III)-chlorid erwies sich als starkes Korrosionsmittel. Wie aus Tabelle 7 zu ersehen ist, verkürzen sich die Zeiten bis zum ersten Spannungsriß erheblich. Die größte Stabilität (t_{SR} = 17,5 h) liegt bei einer Fadenzugkraft von 0,02 N/tex. Sie entspricht der Zeit ohne Zusatzmittel bei pH 3,2. Es konnte jedoch noch nie zuvor in dem pH-Wertbereich von 1 - 3 Spannungsrißkorrosion beobachtet werden.

Tabelle 7: Behandlungsdauer bis zum 1. Spannungsriß bei unterschiedlichen Badzusätzen

σ_F ≙ feinheitsbezogene Fadenzugkraft in N/tex

Zusatzmittel	Menge g/dm^3	Behandlungsdauer bis zum 1. Spannungsriß t_{SR} in h				
		σ_F=0	σ_F=0,01	σ_F=0,02	σ_F=0,05	σ_F= 0,1
ohne	--	18	23	<u>24</u>	10	2
Chrom(III)-chlorid	10	5	6	<u>17,5</u>	3,25	1,7
$FeCl_3$	10	17	18	<u>19</u>	18	3,5
$CuCl_2$	ges.	18,5	20,5	<u>29</u>	23,5	18,5
$MnCl_2$	ges.	13	<u>18</u>	16,5	6,5	12,5
$ZnCl_2$	ges.	45	<u>69</u>	44	24	16
Sulfoxylat	5+10	13	22,5	<u>24</u>	18	8

Eisen(III)-chlorid

Das zugesetzte Eisen(III)-chlorid führte am schnellsten zur Schädigung. Hierbei erniedrigte sich der pH-Wert extrem auf 1,14. Die Behandlungszeiten bis zum 1. Spannungsriß (siehe Abb. 40) liegen - ausgenommen die spannungslos behandelte Faserprobe - bei längeren Zeitabschnitten als bei pH 8,2. Die maximale Stabilität gegen Spannungsrißkorrosion liegt im Bereich einer feinheitsbezogenen Fadenzugkraft von 0,01 N/tex - 0,04 N/tex. Ob es sich hierbei um eine oxidative Schädigung oder katalytische Hydrolyse handelt, wurde im Rahmen dieser Arbeit nicht weiter verfolgt.

Kupfer(II)-chlorid

Der pH-Wert (7,8) änderte sich bei Zusatz von Kupfer(II)-chlorid nicht so stark, wie z.B. bei der Eisen(III)-chlorid-Lösung. Die Behandlungszeiten bis zum ersten Spannungsriß differierten voneinander, verglichen mit denen anderer Zusatzstoffe, auch nur wenig.

Bei spannungsloser Behandlung liegen die Korrosionszeiten unter denen bei pH 8,2. Jedoch schon bei einer feinheitsbezogenen Fadenzugkraft von 0,01 N/tex werden sie überschritten. Die Differenz vergrößert sich mit der angelegten Fadenzugkraft und erreicht bei σ_F = 0,1 N/tex den achtfachen Wert.

Mangan(II)-chlorid

Die Spannungsrißempfindlichkeit ist auch bei Zusatz von Manganionen gegeben. Es stellte sich dabei ein pH-Wert von 6 im Behandlungsbad ein.

Zink(II)-chlorid

Bei Sättigung des Behandlungsbades mit Zink(II)-chlorid ($ZnCl_2$) erniedrigt sich der pH-Wert auf 6,3. Aus den Werten der Tabelle 7 ist zu ersehen, daß hierbei im Falle einer geringen feinheitsbezogenen Fadenzugkraft von 0,01 N/tex eine relativ lange Behandlungsdauer von 69 h bis zum 1. Spannungsriß notwendig ist.

Sulfoxylat

Als letztes wurde Sulfoxylat - ein häufig verwendetes Färbehilfsmittel -, das im Gegensatz zu den anderen Zusätzen reduktiv wirkt, in zwei verschiedenen Konzentrationen dem Behandlungsbad zugegeben. Dabei stellte sich in beiden Fällen ein pH-Wert von 6,5 ein. Es besteht für beide Zusatzmengen kein meßbarer Unterschied in den Behandlungszeiten bis zum 1. Spannungsriß (siehe Abb. 41).

Zusammenfassend kann gesagt werden, daß alle Zusatzmittel als Unterstützer zur Spannungsrißkorrosion angesehen werden müssen.

Weiterhin zeigt diese Versuchsreihe, daß wahrscheinlich nicht von einem einheitlichen Mechanismus der Spannungsrißbildung in allen pH-Wertbereichen die Rede sein kann - siehe hierzu auch Punkt E. 2.6.3 -.

Mit einer Ausnahme (Sulfoxylat) wurden dem Behandlungsbad immer Mittel zugesetzt, die die Schwermetallionenkonzentration in der Faser beeinflussen sollten. Denn durch Einspinnen von Schwermetallionen sollen Polyamidfasern gegen thermo- und photooxidative (wie z.B. UV-Licht) Schädigungen geschützt werden. HERLINGER [105] hatte gezeigt, daß dies nur sinnvoll ist, wenn sie in der Faser gegen eine hydrothermische Behandlung, wie z.B. Waschen, stabilisiert sind. Er hatte festgestellt, daß die inhibierende Wirkung von Mangan-II- und Kupfer-I-Verbindungen nur in bestimmten Konzentrationsbereichen besteht. Unterhalb und oberhalb einer solchen Konzentration wirken sie katalysierend auf den Abbau.

Die im Rahmen dieser Arbeit durchgeführten Versuche beweisen, daß eine Einstellung einer bestimmten Schwermetallionenkonzentration in der Faser nicht genügt, sondern, daß diese auch fixiert, d.h. von außen nicht veränderbar sein muß. Wenn sie sich von außen - z.B. über den kritischen Bereich 5 ppm $\leq Mn^{2+} \leq$ 50 ppm hinaus - erhöhen läßt, ist die stabilisierende Wirkung verloren und der Abbauprozeß wird katalysiert. Dies gilt besonders für einen Zusatz von Chrom(III)-chlorid und für Eisen(III)-chlorid.

Die Lage des Stabilitätsmaximums verschiebt sich je nach der Ionengröße des Badzusatzes von einer feinheitsbezogenen Fadenzugkraft σ_F = 0,01 N/tex bei $MnCl_2$ und $ZnCl_2$ bis zu ca. 0,05 N/tex, falls $FeCl_3$ zugesetzt wird. Außerdem besteht eine eindeutige Korrelation zwischen dem Mangangehalt in der Faser und der Anfälligkeit für Spannungsrißkorrosion. So wurde in den Multifilamentgarnen der Provenienz 1, 8 und 10 kein Mangan und in denen der Provenienz 9 mehr als 0,01 % gefunden. Dieses Ergebnis steht im Einklang mit den Beobachtungen von HERLINGER [105], der den Inhibitorbereich von Mangan zwischen 5 und 50 ppm angibt.

Eine direkte Korrelation mit dem TiO_2-Gehalt und der Anfälligkeit für Spannungsrißkorrosion besteht nicht, da TiO_2 - wie HERLINGER [105] und SIPPEL [99] angeben, in der Faser durch die Spurenelemente, wie z.B. Mn, stabilisiert ist.

2.11 Orientierende Versuche zur Spannungsrißkorrosion an Polyester-Multifilamentgarnen

In einer weiteren Versuchsserie wurde versucht, die Spannungsrißkorrosion an Polyester-Multifilamentgarnen reproduzierbar im Labor nachzustellen.

Dazu wurden die Polyäthylenterephthalat-Multifilamentgarne zunächst verschiedenen Alkaliverbindungen ausgesetzt, da bekannt ist [134,135], daß solche Verbindungen sukzessive von der Faseroberfläche her angreifen. In einer zweiten Reihe erfolgte der Angriff durch Ammoniak und organische Amine, die über den ganzen Faserquerschnitt wirken.

Es gestaltete sich jedoch sehr schwierig, die Randbedingungen für die Spannungsrißkorrosion an Polyester-Multifilamentgarnen herauszufinden. So wiesen Garne nach einer Behandlung zwar Festigkeitsverluste auf, die optische Fehlerschau zeigte jedoch keine Risse.

Beobachtungen an geschädigten Fasern führten zu dem Schluß, daß das Phänomen der Spannungsrißkorrosion bei Polyesterfasern seine Ursache schon im Ausgangsmaterial haben könnte.

Zur Feststellung der Risse wurden die Polyesterfasern zunächst, genau wie die aus Polyamid, unter dem Lichtmikroskop untersucht. Dann wurde jedoch versucht, die Risse automatisch zu erfassen. Das Prinzip dieser Erfassung beruht darauf, daß die zu untersuchende Faser automatisch über eine Spaltblende hinwegbewegt wird, durch die ein gebündelter Lichtstrahl fällt. Die an der Faser auftretende Lichtstreuung wird von einem Photomultiplier in elektrische Signale umgesetzt und graphisch registriert. Im Diagramm wird die Untergrundstreuung, die vom Fasermaterial herrührt, abgedeckt. Die Anzahl der restlichen Peaks stellt ein Maß für die Intensität und Häufigkeit der Spannungsrisse dar. Diese Methode der Rißbestimmung hat aber den großen Nachteil, daß zwischen den Rissen, die durch Spannung entstanden sind und den Rissen, die durch zusätzliche Korrosion hervorgerufen wurden, nicht unterschieden werden kann.

Ebensowenig gelang eine Differenzierung der Risse durch Anschmutzung mit Kaolin, das einer Waschflotte zugegeben wurde und einer Auswertung durch Röntgenfluoreszenz unterzogen wurde. Angeregt durch die o.a. Vermutung einer potentiellen Schädigung in den Garnen durch den Herstellungsprozeß wurde der Vorbehandlung, wie z.B. dem Fixieren, besondere Aufmerksamkeit geschenkt.

Dabei stellte sich heraus, daß ganz bestimmte Garntypen, wie z.B. solche, die zur besseren Farbstoffaufnahme chemisch modifiziert worden waren, oder Texturiertypen und texturierte Garne, bei hohen Temperaturen - oberhalb von 180 °C - spannungslos unter Trockenhitze Spannungsrißkorrosion erkennen ließen. Allerdings ist hierbei erzwungene Konvektion notwendig, d.h., es muß gewährleistet sein, daß hinreichend viel Sauerstoff an das Garn herantransportiert wird, um eine Oxidation hervorzurufen. Die Risse bilden sich wahrscheinlich durch eine Art von Gefügeentmischung. Abb. 46 zeigt ein durch Spannungsrißkorrosion geschädigtes Polyester-Multifilamentgarn. Ähnliche Bilder ergaben auch die anderen Garne.

2.12 Zusammenfassung der Ursachen für die Spannungsrißkorrosion

Nachdem durch die Ergebnisse der Versuche, die vorstehend diskutiert wurden, der Zeitpunkt einer meßbaren und sichtbaren Schädigung der Polyamid-Multifilamentgarne erfaßt wurde, sollen durch die nachfolgend erläuterten Ergebnisse zusammenfassend die Ursachen und der Reaktionsmechanismus der Spannungsrißkorrosion dargelegt werden.

Es konnte gezeigt werden, daß eine thermo- und turgo-mechanische [131] Behandlung von Polyamid-6- und -66-Multifilamentgarnen unter Sauerstoff zur Spannungsrißkorrosion führt.

Daß es sich dabei im pH-Wertbereich von 7 - 9 um eine Oxidation handelt, läßt die Tatsache vermuten, daß die Schädigung in Gegenwart von Luft, Sauerstoff oder z.B. in H_2O_2 stattfindet, während sie - wie Vorversuche gezeigt hatten - in einer Stickstoffatmosphäre nicht abläuft. Die Bestätigung brachte die Veränderung der Carbonylgruppenanzahl nach einer korrosiven Behandlung.

In einer Faser sind je nach den Herstellungsbedingungen große oder kleine Spannungen eingebaut. Diese sind durch das Einfrieren der Bewegungsmöglichkeiten der Polymerketten oder Teilen davon entstanden. Wird eine Faser durch eine äußere Kraft unter Spannung gesetzt, so kommt es aus den o.a. Gründen, der Kettenlage zur Hauptspannungsrichtung und eventuellen Inhomogenitäten zu keiner gleichmäßigen Verteilung der Kräfte auf die einzelnen Ketten im Faserquerschnitt. Ein Beispiel für eine statistische Verteilung der Spannungen auf die einzelnen Kettenmoleküle bei einer äußeren Spannung von $5 \cdot 10^3$ N/mm^2 stellt Abb. 42 nach IR-spektroskopischen Messungen von ZHURKOV [108] dar.

Der Bruch der wenigen Ketten, die schon bis nahe an ihre maximale Tragfähigkeit belastet sind, kann schon bei der geringsten Energiezufuhr geschehen. Bei ihrem Bruch müssen die unmittelbar benachbarten Ketten die Kräfte mit aufnehmen. Die durch den Kettenbruch entstandenen Radikale können dann zum Rißauslöser für andere Ketten werden.

Ein solcher Kettenbruch kann z.B. durch eine äußerlich angelegte Fadenzugkraft entstehen. Dies spiegelt sich - wie die Ergebnisse zeigen - in einer Verkürzung der Behandlungszeit bis zur Schädigung wider. Es muß jedoch darauf geachtet werden, daß eine Überlagerung von inneren eingefrorenen und von außen aufgebrachten Spannungen stattfindet, die u.U. in ihrer Wirkungsweise entgegenarbeiten können.

Die Diffusion des Sauerstoffs bzw. Wassers in die Faser setzt eine mit kleinen Löchern durchsetzte Faseroberfläche und ein mit kleinen Poren übersätes Faservolumen oder nach der "Stuttgarter" Schule [133] die Wanderung von Fehlstellen voraus. Die Größe dieser Poren bzw. die Beweglichkeit der Fehlstellen wird außer durch die Temperatur durch die auftretenden Spannungen bestimmt.

Die inneren Quellspannungen begünstigen die Diffusion des Oxidationsmittels, während die äußeren Zugspannungen die Löcher und Poren bis zu einem gewissen Grad zusammenziehen, d.h. das freie Volumen in der Faser wird verkleinert. So wird z.B. aus einem kreisrunden Loch ein schmaler Schlitz. Dadurch wird die Diffusion in die Faser erschwert. Die Folge davon ist eine Verlängerung der Behandlungsdauer bis zur merklichen Schädigung der Faser (siehe Behandlungsdauermaximum bei σ_F = 0,02 N/tex, z.B. Abb. 39).

Eine weitere Erhöhung der äußeren Spannungen vergrößert das freie Volumen wieder. Da es im Polyamid in Gegenwart von Wasser zu einer Erniedrigung der Einfriertemperatur bis Raumtemperatur kommt, werden Platzwechselvorgänge unter äußerer Spannung begünstigt, was sich in einer größeren Fließbereitschaft des Fasermaterials äußert. Die Fasern werden dann wegen der größeren Diffusionsgeschwindigkeit schneller als bei einer spannungslosen Behandlung geschädigt.

Zusammenfassend kann festgestellt werden:

a) Die Spannungsrißkorrosion ist im pH-Wertbereich von 7 - 9 eine radikalisch verlaufende Oxidation, die, wie VALK et al. [107,111] gezeigt haben, an der N-vicinalen Methylengruppe beginnt.

b) Im pH-Wertbereich von 1 - 6 kann sie, wie einige ergänzende Versuche gezeigt haben, auch vorkommen. Dann handelt es sich aber wahrscheinlich genau wie oberhalb von pH 9 um eine Hydrolyse. Die vorliegenden Meßergebnisse deuten dies an, sie reichen jedoch nicht aus, um diese Hypothese zu beweisen.

c) Die Spannungsrißkorrosion startet in jedem Fall durch eine Kettenaufspaltung an gespannten Kettenmolekülen mit trans-Konformation, da diese 60mal reaktiver sind [111] als die, die in gauche-Konformation und im orientierten nichtkristallinen Strukturbereich vorliegen.

d) Diese Kettenaufspaltung kann durch aufgetaute innere Spannungen ebenso wie durch Spannungen, die durch das Aufbringen einer äußeren Kraft entstanden sind, katalysiert oder auch inhibiert werden. Durch diese Spannungen wird die Einfriertemperatur erniedrigt. Als Folge davon sind Platzwechselvorgänge leicht möglich, so daß Fehlstellen sowohl wachsen als auch ausheilen können.

e) Ähnliches gilt für die Schwermetallionenkonzentration in der Faser. Sie kann in bestimmten Bereichen die Spannungsrißkorrosion beeinflussen, wobei dieses Phänomen temperaturabhängig ist.

f) Durch eine Bestrahlung mit UV-Licht wird die Spannungsrißkorrosion bei pH 8,2 stark katalysiert.

2.13 Rißlage

Die Spannungsrisse, die bei den o.a. Versuchen erzeugt worden waren und die bei linearen Vergrößerungen von 1:200 und 1:360 unter dem Lichtmikroskop gut beobachtet werden konnten, hatten in bezug auf die Faserlängsachse unterschiedliche Lagen. Sie wechselten von längs, d.h. parallel zur Faserlängsachse liegend, über schräg bis zu quer dazu. Es konnte eine eindeutige Zuordnung der Rißlage zur angelegten Fadenzugkraft während der Behandlung festgestellt werden. Wurde die Faser spannungslos behandelt, lagen die Risse parallel zur Faserlängsachse. Ein Beispiel für solche Risse ist in Abb. 43a dargestellt.

Sobald während der Behandlung eine Spannung an die Faser angelegt wurde, veränderte sich die Rißlage. Dabei wanderte sie mit größer werdender Fadenzugkraft von der Faserlängsachse weg, bis sie bei σ_F = 0,05 N/tex bzw. σ_F = 0,1 N/tex quer dazu angeordnet war.

Betrug die feinheitsbezogene Fadenzugkraft z.B. im Falle eines Behandlungsbades von pH 8,2 ohne Zusätze σ_F = 0,02 N/tex, so bildete die Rißlage mit der Faserlängsachse einen Winkel von ca. 45°. Die Risse verliefen dann spiralförmig um die Längsachse.

Durch geeignete Präparation unterschiedlich lange behandelter Fasern konnte festgestellt werden, daß die Risse nicht an der Faseroberfläche entstehen, sondern in der Grenzschicht zwischen dem Faserkern und dem Mantel. Sie verlaufen dabei von einer Fehlstelle im Mantel ausgehend ringförmig unter der Mantelfläche um den Kern, da dies der Weg des geringsten Widerstandes ist. Je nach den Abkühl- und den rheologischen Spinnbedingungen sind die Ketten in Richtung der Faserlängsachse im Faserkern und -mantel unterschiedlich vororientiert, so daß quer dazu nur wenige liegen, d.h. es kann eine Kraftübertragung nur durch Nebenvalenzkräfte erfolgen. Diese sind aber kleiner als die Hauptvalenzkräfte. Der weitere Verlauf wird durch den strukturellen Aufbau des Kerns bzw. des Mantels und die angelegte Fadenzugkraft bestimmt. Meistens wachsen sie von der Mantelinnenfläche dann zur Faseroberfläche. Erst nach der vollständigen Zerstörung der Mantelfläche und deren Ablösung vom Kern wird dieser durch Ausbildung neuer Risse zerstört. Es konnten jedoch auch Risse beobachtet werden, die zuerst zu einem Bruch des Kerns führten und dann zur Zerstörung des Mantels.

Zur Begründung der Lage der Rißebene, die sich wie o.a. in Abhängigkeit von der feinheitsbezogenen Fadenzugkraft bei der Korrosion verändert, wurde eine Kräftebilanz an einer Faser gemacht. Abb. 44 stellt die Hälfte eines Faserabschnittes dar, der aus Kern und Mantel besteht. Dabei wurde angenommen, daß das eindiffundierte Fluid einen Quelldruck auf den Mantel ausübt.

Die tangentialen Schnittkräfte T sind im Gleichgewicht mit den Vertikalkomponenten der Druckkräfte:

$$2\int_{\varphi=0}^{\varphi=\frac{\pi}{2}} l\cdot r\cdot p \sin\varphi \; d\varphi - 2\cdot T = 0$$

$$2\left[l\cdot r\cdot p - \cos\right]_{\varphi=0}^{\varphi=\frac{\pi}{2}} = 2\cdot l\cdot r\cdot p\cdot\left[o - (-1)\right] = 2\cdot T$$

$$2\cdot l\cdot r\cdot p = 2\cdot T \longrightarrow l\cdot r\cdot p = T$$

Wegen der dünnen Wandstärke wird T als gleichmäßig verteilt über die Schnittfläche angesehen. Dann wirkt in der Schnittfläche eine Tangentialspannung:

$$\sigma_t = \frac{T}{l\cdot\delta} = \frac{l\cdot r\cdot p}{l\cdot\delta} = p\,\frac{r}{\delta}$$

In achsialer Richtung wirkt die Druckkraft $D = p\cdot r^2\cdot\pi$. Dieser muß in der Schnittfläche eine Gleichgewicht haltende Kraft entgegenwirken. Sie ist als Spannung gleichmäßig über den Schnitt verteilt. Die Gleichgewichtsbedingung liefert:

$$D - S = 0 \rightarrow p\cdot r^2\cdot\pi - 2r\cdot\pi\cdot\delta\cdot\sigma_a = 0$$

Daraus ergibt sich die Achsialspannung:

$$\sigma_a = \frac{p\cdot r^2\cdot\pi}{2\cdot r\cdot\pi\cdot o} = p\,\frac{r}{2\cdot\delta}$$

Die Achsialspannung ist halb so groß wie die Tangentialspannung. Hieraus ist es verständlich, warum die Fasern mit einer Kern-Mantel-Struktur bei "spannungsloser" Behandlung aufgrund der Quellspannungen nur in der Faserlängsachse Risse zeigen.

Kommen zu diesem zweiachsigen Spannungszustand noch äußere Kräfte oder Schrumpfkräfte hinzu, die in der Faserlängsachse wirken, so wird sich die Hauptrißebene verlagern. Dies konnte anhand einer Photoserie von behandelten Faserproben gezeigt werden.

Mit steigender äußerer Spannung verlagert sich die Rißebene immer mehr quer zur Faserlängsachse, um dann schließlich bei 90° dazu stehen zu bleiben. Mit Hilfe dieser Darstellung lassen sich auch die Quellspannungen in der Faser abschätzen, die bei einer turgo-mechanischen Behandlung [131] auftreten.

Diese Quellspannungen sollen an den Beispielen eines Monofilamentes, tex 44, und eines Multifilamentes, tex 16,7 f 18, abgeleitet werden.

Es wird davon ausgegangen, daß die Tangentialspannungen im Fasermantel gleich den Achsialspannungen hierin sind, falls die Risse unter einem Winkel von 45° zur Faserlängsachse liegen. Weiterhin wird angenommen, daß das Fasermaterial im Mantel ungefähr die gleiche Zugfestigkeit hat wie im Kern. Dann gilt:

$$\sigma_t = \sigma_a = \sigma_R = p \cdot \frac{r}{\delta}$$

und z.B. $\sigma_a = 0{,}45$ N/tex

Die letztgenannte Spannung entspricht einer auf den genauen Faserquerschnitt bezogenen Spannung von $\sigma_{a,Monof.} = 500\ N/mm^2$, falls eine Dichte von 1,113 g/cm^3 berücksichtigt wird.

Aus den Mikroaufnahmen des Monofils $d_{Monofil} = 224{,}34$ µm ergab sich die Mantelschichtdicke zu $\delta_{Monofil} = \frac{1}{26} \cdot d_{Monofil} = 8{,}63$ µm, für die des Multifils $d_{Multifil} = 32{,}6$ µm wurde $\delta_{Multifil} = \frac{1}{6} \cdot d_{Multifil} = 5{,}43$ µm bestimmt.

Damit folgt für die Quellspannungen:

$$p_{Monofil} = \frac{\sigma_a \cdot \delta}{r} = \frac{2 \cdot \sigma_a \cdot \delta}{d}$$

$$= \frac{2 \cdot 500\ N \cdot 8{,}63 \cdot 10^{-3} mm}{mm^2 \cdot 224{,}34\ mm \cdot 10^{-3}}$$

$$p_{Monofil} = 38{,}4 \cdot 10^{0}\ \frac{N}{mm^2} = 38{,}4\ N/mm^2$$

$$p_{Multifil} = \frac{2 \cdot 500 \cdot N \cdot 5{,}43 \cdot 10^{-3}}{32{,}6\ mm^2 \cdot 10^{-3}} = 166{,}7\ N/mm^2$$

2.14 Hinweise zur Vermeidung von Spannungsrißkorrosion

Da eine Verarbeitung und der Gebrauch von Polyamid-Fasern unter Ausschluß von Sauerstoff bzw. Luft praktisch unmöglich ist, sollten wenigstens die anderen Einflußgrößen, die die Spannungsrißkorrosion fördern, ausgeschaltet werden.

Das heißt zunächst einmal die genaue Beobachtung des pH-Wertes z.B. bei Spülprozessen. Häufig wird hier mit sogenanntem Weichwasser (Permutit-Wasser) gearbeitet, das pH-Werte von 6 - 8 hat. Dies erweist sich als genauso schädlich wie Walzen oder andere Maschinenelemente, die mit der Polyamid-Ware in Berührung kommen und die zum Schutz gegen Korrosion verchromt oder z.B. aus Kupfer gefertigt wurden. Ähnliches gilt auch für Eisen und Zink.

Des weiteren ist eine Waschbehandlung unter Druck bei höheren Temperaturen mit Risiken verbunden, sobald in den Bädern Sauerstoff vorhanden ist, der sich durch z.B. hohe Turbulenzen in der Flotte anreichern kann.

Große mechanische Beanspruchungen sind aus Gründen der Radikalbildung ebenso zu vermeiden, wie z.B. ein spannungsloses "Fixieren" bei hohen Temperaturen. Hilfsmittel, wie sie z.B. Färbebädern zugesetzt werden, sollten in jedem Fall nach genauen Dosierungsangaben der Hersteller verwendet werden, da sie bei hohen Konzentrationen ebenfalls zur Unterstützung der Spannungsrißkorrosion in Polyamid-Fasern beitragen können. Eine Untersuchung hinsichtlich ihrer Wirkung als Rißbildungsunterstützer sollte z.B. auch bei den Bleich- und Chemischreinigungsmitteln unternommen werden.

Ein Schutz gegen photooxidative Schädigung kann nur selten - z.B. durch Ummantelung - nach der primären Fasererzeugung vorgenommen werden. Er muß schon vor dem Spinnen eingebaut werden. Das könnte durch Substanzen geschehen, die in Verbindung mit dem Polyamid nach dem sogenannten Treibhauseffekt arbeiten, d.h. das Polyamidpolymer absorbiert z.B. die ultraviolette oder Röntgenstrahlung im kurzwelligen Bereich und leitet die Energie, bevor sie zur Kettenzerstörung führt, an die zugesetzte Substanz ab, die sie z.B. im langwelligen Bereich wieder emittiert oder ableitet.

Es gilt also, den Herstellungs- und Verarbeitungsprozeß von Polyamid-Fasern neu zu überdenken und nach dem heutigen Kenntnisstand zu optimieren, denn, wenn einige untersuchte Fasern innerhalb der beobachteten Behandlungsdauer keine Spannungsrißkorrosion zeigten, bedeutet das nicht, daß sie ganz immun dagegen sind. Die vorliegende Untersuchung umfaßt in erster Linie die Behandlungszeiten, wie sie im Heim- oder Bekleidungstextilienbereich üblich sind. In der technischen Sparte sind die Polyamid-Fasern viel härteren Bedingungen ausgesetzt. So müssen sie, wenn sie z.B. in Entwässerungsfilzen oder -sieben verarbeitet wurden, die in der Papierproduktion eingesetzt werden, mehr als 2000 h einer mechanischen und chemischen Beanspruchung standhalten. Dabei werden sie mit Chemikalien wie Wasserstoffperoxid beladen, mit großen mechanischen Kräften zwischen Walzenpaaren abgequetscht und durch Anspritzen mit "Weichwasser", das unter Drucken bis zu $200 \cdot 10^5$ Pa steht, gereinigt, während sie mit mehreren hundert Metern pro Minute umlaufen.

Das riesige Gebiet in der Produktionstechnik bietet noch viele Einsatzprobleme für Polyamid-Fasern, wenn die anderen guten Eigenschaften, wie z.B. hohe Abriebfestigkeit, voll ausgenutzt werden sollen. Aber auch im Gebiet der Heim- und Bekleidungstextilien sind noch viele Einflußgrößen, z.B. wie verschiedenen Spannungsarten (Biege-, Zug- und Torsionsspannungen), wie sie bei der Flächengebildeherstellung auftreten, zu erforschen.

F. Experimenteller Teil

1. Die Versuchsanlagen

1.1 Anlage zur Thermobehandlung der Fasern unter konstanter Belastung

Zur thermisch-mechanischen Behandlung der Polyamid-6-Multifilamentgarne, tex 16 f 18, in Luft unter konstanter Belastung wurde die von BERNDT [123] entwickelte und von TÜRK [122] umgebaute Thermofixieranlage benutzt. Beim Fixieren ohne Spannung wurde die Tänzerrolle entfernt.

1.2 Anlagen zur Erzeugung von Spannungsrißkorrosion

1.2.1 Offene Anlage zur Erzeugung von Spannungsrißkorrosion

Die Versuchsanlage, in der die Spannungsrißkorrosion an den Monofilamenten und Multifilamentgarnen der verschiedenen Provenienzen bei "druckloser" Behandlung erzeugt wurde, bestand aus einem Dreihalskolben (2 dm^3) mit speziellem Aufsatz und einer großen Hebelwaage. Abb. 45 stellt eine schematische Wiedergabe der Versuchsanlage dar.

Der Glaskolben steckte in einem elektrisch beheizten Heizpilz. Die gewünschte Temperatur der Pufferlösung im Kolben wurde über einen Zweipunktregler eingeregelt.

Um die Garnprobe innerhalb des Kolbens zu befestigen und unter Spannung zu setzen, wurde ein mit Teflon überzogener Aluminiumaufsatz konstruiert und gebaut. Dieser saß im mittleren Hals und hatte einen Edelstahlrahmen, der nach unten in den Kolben ragte. Am unteren Teil des Rahmens befand sich ein Haken zum Einhängen der Garnprobe. Oben war der Aufsatz in der Mitte durchbohrt. In dieser Bohrung steckte ein hohler Glasaufsatz, durch den die Zugstange zum Einspannen der Probe zwischen dem unteren Haken und der Hebelwaage geführt wurde und an dem ein Rücklaufkühler angebracht war.

Die Hebelwaage, die zum Einbringen und Herausnehmen der Probe arretiert werden konnte, erlaubte eine Ablesegenauigkeit von 10^{-4} N. Die Schale zum Aufnehmen der Gewichte befand sich in einem Glaskasten, der durch eine Tür zugänglich war.

Damit der Waagebalken immer waagerecht lag, konnte der Dreihalskolben mit dem Heizpilz mittels eines Laborboys um 100 mm nach oben und unten bewegt werden.

Die beiden anderen Hälse dienten der Aufnahme des Thermometers bzw. zum Einleiten des Sauerstoffs. Das geschah durch einen Waschflascheneinsatz, der am unteren Ende zu einer Düse ausgebildet war. Aus einer Sauerstoffflasche perlten durch diese Düse $10^3 cm^3$ O_2 pro Minute durch die Pufferlösung, wodurch sie O_2-gesättigt wurde.

Der Volumenstrom wurde mittels eines Blasenzählers und einer Stoppuhr eingestellt und durch ein U-Rohrmanometer kontinuierlich überwacht.

Zur Kontrolle wurde die Probe der Anlage entnommen und unter einem Mikroskop auf Spannungsrißkorrosion untersucht.

1.2.1.1 Erweiterung der Versuchsanlage durch eine UV-Lichttauchlampe

Für die Versuche, durch die der Einfluß von ultraviolettem Licht auf die SRK an den Multifilamentgarnen festgestellt wurde, mußte die unter Punkt 1.2.1 beschriebene Anlage durch eine UV-Lichttauchlampe der Fa. Quarzlampen GmbH, Hanau, erweitert werden. Dabei steckte die Lampe (Typ 5641 B 4105) in einem konstanten Abstand von 6 cm zur Garnprobe in der Pufferlösung, die sich in dem Dreihalsglaskolben befand.

Da die Lampe sehr viel Wärme entwickelte, mußte der Heizpilz des Kolbens gegen einen Kühlmantel ausgetauscht werden. Die Kühlung erfolgte durch Wasser.

1.2.2 Der Autoklav zur Erzeugung von Spannungsrißkorrosion (SRK)

Um die Multifilamentgarne den Bedingungen zur Erzeugung der SRK auch unter Druck aussetzen zu können, wurde ein Labor-Autoklav aus Edelstahl (V4-A) der Firma Roth umgebaut, der in einem elektrisch beheizten Mantel steckte. Die Temperaturregelung geschah durch ein Kontaktthermometer, das in einer Hülse steckte, die vom Schraubkopf aus in das Behandlungsbad reichte. Zur besseren Temperaturregelung war vor den Heizwiderstand ein Relais geschaltet, mit dessen Hilfe die Stromspannung vorgeregelt wurde.

Außer dem Thermometerstutzen befanden sich zwei Öffnungen am Verschluß. Auf der einen saß zur Druckmessung ein Röhrenfedermanometer mit einem Meßbereich von $0 \div 6 \cdot 10^5$Pa. Aus Sicherheitsgründen war parallel zum Manometer noch ein gewichtsbelastetes Überdruckventil angebracht, das bei einem Überdruck von $5 \cdot 10^5$Pa abblies.

Die andere Bohrung war durch ein Ventil verschlossen. Durch dieses Ventil konnte mittels eines kleinen Membrankompressors Luft in den freien Autoklavraum über der Pufferlösung gepumpt werden.

In dieser Pufferlösung hingen auf einer Schaukel aus Edelstahldraht die Garnproben. Dabei war besonders darauf zu achten, daß die Proben nicht die Wand des Autoklaven berührten, da diese als Radikalfänger wirkt.

Um den pH-wert der Pufferlösung nicht zu verändern, wurde das CO_2 aus der angesaugten Luft ausgewaschen. Dazu wurden zwei Gaswaschflaschen mit $Ba(OH)_2$-Lösung gefüllt und hintereinandergeschaltet. Wenn sich die Lösung in der zweiten Flasche durch das ausgefallene $BaCO_3$ getrübt hatte, wurden die Lösungen erneuert.

2. Herstellung der Pufferlösung

Die verwendeten Pufferlösungen wurden durch Zugabe von folgenden handelsüblichen Puffersubstanzen zu destilliertem Wasser jeweils in Mengen von 10 dm^3 hergestellt:

Tabelle 8: Zusammensetzung der verwendeten Pufferlösung

pH-Wert der Pufferlösung	verwendete Puffersubstanzen +)
1	3,73 g Kaliumchlorid (KCl) 134 ml 1 N Salzsäure
3	8,47 g Citronensäure-Monohydrat ($C_6H_8O_7 \cdot H_2O$) 3,49 g Natriumchlorid (NaCl) 0,6 ml 1 N Natronlauge
5	20,26 g Citronensäure-Monohydrat ($C_6H_8O_7 \cdot H_2O$) 196,4 ml 1 N Natronlauge
7	3,52 g Kaliumdihydrogenphosphat (KH_2PO_4) 7,26 g di-Natriumhydrogenphosphat ($Na_2HPO_4 \cdot 2\ H_2O$)
8,2	4,767 g di-Natriumtetraborat ($Na_2B_4O_7$) 188 ml 0,1 N Salzsäure
9	4,77 g Natriumtetraborat ($Na_2B_4O_7 \cdot 10\ H_2O$) 4,6 ml 1 N Salzsäure

+) Der Gehalt bezieht sich auf einen Liter gebrauchsfertige Lösung

2.1 pH-Wert-Messung

Die Messung des pH-Wertes der verschiedenen Pufferlösungen geschah mit einem pH-Meter der Firma Radiometer, Kopenhagen, vom Typ PHM 22 p. Dieses Gerät arbeitet mit einer Glasmeßelektrode, die vor jeder Messung in einer Standardacetat-Pufferlösung mit einem pH-Wert von 4,62 (0,2 M) der Firma Merck geeicht wurde.

Zur genauen Messung wurde die Pufferlösung auf eine Temperatur von 20 °C eingestellt.

Zur Kontrolle einer etwaigen Veränderung des pH-Wertes wurden dem Dreihalsglaskolben bzw. dem Autoklaven zuerst stündlich, später dann täglich kleine Proben der Pufferlösung entnommen und mit dem pH-Meter gemessen. Dazwischen wurde mit pH-Papier getestet, um größere Abweichungen innerhalb von Stunden zu vermeiden.

3. Versuchsbedingungen

3.1 Probenvorbereitung

Zur Probenherstellung wurden von den Spulen der verschiedenen Provenienzen Fadenstücke von 250 mm Länge abgewickelt und abgeschnitte. Dieser Abschnitt wurde an beiden Enden verknotet, um ein Aufspleißen zu vermeiden, und anschließend aus jedem eine Schlaufe von ca. 100 mm Länge durch Verknoten der beiden Enden miteinander gefertigt. Diese Schlaufen wurden unter dem Lichtmikroskop (siehe F. 4.1) bei 200-facher Vergrößerung im Durchlicht auf Beschädigungen hin durchgemustert.

Vor ihrer Verwendung lagerten sie mindestens 24 Stunden unter Normbedingungen gemäß DIN 53 802.

3.2 Versuchsdurchführung

Um in den Proben die Spannungsrißkorrosion zu erzeugen, wurde jeweils - nachdem sich ein Temperaturgleichgewicht eingestellt hatte und die Pufferlösung mit Sauerstoff gesättigt war - eine Probe so in das Gestell des Dreihalskolbens gehängt, daß sie ganz von der Pufferlösung benetzt war, und mittels der Hebelwaage unter eine definierte Spannung gesetzt und gehalten. Eine zweite Probe hing jedesmal zum Vergleich mit in der Lösung. Sie stand jedoch nicht unter Spannung.

Nach verschiedener Behandlungsdauer wurden beide Proben dem Bad des Kolbens entnommen und auf Schädigungen untersucht (siehe F. 4.1 und F. 4.2).

Parallel dazu liefen die Versuche im Autoklaven. Hierbei wurde die Pufferlösung erst durch Luftdurchblasen gesättigt, die Proben (es wurden immer fünf gleichzeitig behandelt) eingehängt und der Deckel aufgeschraubt. Dann - nach dem Aufheizen auf die gewünschte Temperatur - stellte sich durch Zupumpen von Luft der benötigte Druck ein.

Vor der Probenentnahme wurde der Druck im Autoklav entspannt und seine Temperatur mittels Eiswasser auf 20 °C heruntergekühlt. Die Probenuntersuchung vollzog sich genauso wie bei den Proben aus dem Glaskolben.

Nach jeder Meßserie von 10 Einzelmessungen wurden die Pufferlösungen gewechselt.

4. Bestimmung der Spannungsrißkorrosion (SRK)

4.1 Bestimmung der SRK im Lichtmikroskop

Zur Bestimmung der Spannungsrißkorrosion wurden die behandelten Proben dem Glaskolben bzw. dem Autoklaven entnommen und durch Eintauchen in destilliertes Wasser gespült, anschließend mit Triacin auf einem Objektträger präpariert und bei 200- bzw. 360-facher Vergrößerung mit dem DIALUX-Forschungsmikroskop der Firma Leitz, Wetzlar, auf Schädigung durch SRK untersucht. Dieses Mikroskop hat eine eingebaute Beleuchtung, die die Verwendung von Durchlicht, einer Dunkelfeldbeleuchtung und polarisiertem Licht ermöglichte. Als Meßstellen wurden Garnabschnitte gewählt, die sowohl weit genug von der Schlaufenknotenstelle entfernt waren als auch die Bereiche der Einspannhaken ausschlossen, da hier mit einer Superposition von Zug- und Biegespannungen zu rechnen war.

4.2 Bestimmung der SRK durch die Veränderung der Carbonylgruppenanzahl

Da das Auffinden des ersten Spannungsrisses im Lichtmikroskop doch mit recht großer Fehlerwahrscheinlichkeit behaftet schien, wurde nach anderen Analysenmethoden gesucht.

Dabei wurden folgende Methoden angewandt:
Bestimmung der Veränderung des mittleren viskosimetrischen Molekulargewichtes nach SNV 95591 und IR-spektroskopische Messungen mittels der abgeschwächten Totalreflexion.

Diese Versuche scheiterten jedoch, so daß dann die Bestimmung der Veränderung des Carbonylgruppengehaltes angewandt wurde.

Die Messungen hierzu führte das Deutsche Wollforschungsinstitut an der RWTH Aachen nach einer Methode von ROSSBACH [130] durch.

5. Untersuchungen der Polyamid-Fasern zur Charakterisierung der Eigenschaften

Durch die nachfolgend aufgeführten Untersuchungen sollten die Polyamid-6- und -66-Fasern der unterschiedlichen Provenienzen in ihren Eigenschaften charakterisiert werden.

5.1 Mechanisch-technologische Untersuchungen

5.1.1 Kraft-Längenänderungs-Verhalten (Abb. 1, 2 und 5)

Das Kraft-Längenänderungs-Verhalten wurde auf einem Zugprüfgerät der Firma Instron, System 2430, im "on-line"-Betrieb bestimmt. Die Einspannlänge betrug 100 mm, die Reißgeschwindigkeit 100 mm/min. Von jeder Probe wurden 10 Einzelmessungen durchgeführt. Die in Abb. 1, 2 und 5 dargestellten KL-Kurven stellen je eine repräsentative Kurve von 10 Kurven dar.

5.1.2 Höchstzugkraft, Höchstzugkraftdehnung, Zugarbeit und E-Modul

Die Höchstzugkraft-, Höchstzugkraftdehnungs-, Zugarbeits- und E-Modul-Werte in Abb. 6,7 und 9,10 sind die Mittelwerte von 10 Einzelmessungen, entnommen aus (5.1.1). Die eingezeichneten Streuungen stellen somit einen Vertrauensbereich für 95 % aller Meßwerte dar.

5.2 Thermoanalytische Untersuchungen

5.2.1 Differential-Thermoanalyse (DTA)

Die Bestimmung des Schmelzverhaltens und der Schmelztemperatur von allen PA-6- und PA-66-Fasern wurde durch differentialthermoanalytische Untersuchungen auf einem Gerät der Firma DuPont, Modell 900, durchgeführt. Die Funktionsmerkmale des Gerätes und die Präparation der Proben sind bei BERNDT [123] genau beschrieben. Es sei jedoch bemerkt, daß die Versuche zur Vermeidung einer Oxidation beim Schmelzen unter Stickstoff-Atmosphäre durchgeführt wurden.

5.2.2 Temperaturabhängige Schrumpfkraft (Abb. 3 und 4)

Zur direkten Aufzeichnung der Schrumpfkräfte in Abhängigkeit von der Temperatur wurde ein vom Deutschen Textilforschungszentrum Nord-West in Krefeld [123] entwickeltes Gerät benutzt.

5.3 Dichtebestimmungen

Die Dichtebestimmung der thermisch vorbehandelten Fasern geschah nach der Gradientenmethode. Meßanordnung und Probenvorbereitung sind in [124] beschrieben. Die Meßwerte wurden als Mittelwerte aus 20 Einzelmessungen bestimmt. Das verwendete Flüssigkeitsgemisch bestand aus Tetrachlorkohlenstoff und Ligroin.

5.4 Atomabsorptionsspektroskopie

Die Probenvorbereitung (Faser- und Aschenmengeneinwaage) für die atomabsorptionsspektroskopischen Untersuchungen an den Fasern der 10 Provenienzen sowie die Veraschung im Platintiegel wurden im Deutschen Textilforschungszentrum Nord-West, Krefeld, vorgenommen. Die Bestimmung der Gehalte an Faser-Zusatzstoffen wurden im Auftrag in einem befreundeten Institut durchgeführt. Bei dieser Analysenmethode werden die Stoffgehalte in Stufen von 10 - 100 %; 1 - 10 %; 0,1 - 1 %; 0,01 - 0,1 %; 0,001 - 0,01 % und als Spuren angegeben.

G. Literaturverzeichnis

[1] W. Buchmann,
Kunststoffe 30 (1940) 357

[2] W. Buchmann,
Kunststoffe, J.F. Lehmanns Verlag, München-Berlin (1944)

[3] K. Matthaes,
Jahrbuch der deutschen Luftfahrtforschung (1941) 1656

[4] E.H. Andrews,
Fracture in Polymers, Elsevier, New York (1968)

[5] E.H. Andrews und G.M. Levy,
Polymer 15 (1974) 599

[6] E.H. Andrews,
Angew. Chem. 86 (1974) 151

[7] H.G. Zachmann,
Angew. Chem. 86 (1974) 283

[8] H.A. Stuart,
Die Physik der Hochpolymeren, Bd. III, Springer-Verlag, Berlin (1955)

[9] K. Überreiter
in: Mark, Atlas, Cernia, Hrsg., Man-Made Fibres, Bd. 1, Interscience Publishers, New York (1967)

[10] P. Schlack und H. Kunz
in: R. Pummerer, Hrsg., Fasern aus Polyamiden, Ferd. Enke Verlag, Stuttgart (1953) 629

[11] F. Fourné,
Synthetische Fasern.
Wissenschaftliche Verlagsgesellschaft, Stuttgart (1964) 38

[12] R.W. Moncrieff,
Man-Made Fibres, Heywood Books, London (1970) 314

[13] R. Hill,
Fasern aus synthetischen Polymeren.
Wissenschaftliche Verlagsgesellschaft, Stuttgart (1956)

[14] H. Klare,
Synthetische Fasern aus Polyamiden.
Akademie-Verlag, Berlin (1963)

[15] J.W.S. Hearle und R. Greer,
"Fiber Structure", in: Textile Progress 2 (1970) 1

[16] O. Kratky,
Angew. Chem. 53 (1940) 153

[17] K. Hess und H. Kiessig,
Z. phys. Chem. 193 (1944) 193

[18] R. Hosemann,
Polymer 3 (1962) 349

[19] R. Bonart,
Kolloid-Z. und Z. Polymere 194 (1964) 97

[20] P.F. Dismore und W.O. Statton,
J. Polymer Sci. C 13 (1966) 133

[21] J. Juilfs,
Chemiefasern 14 (1964) 775

[22] J.O. Warwicker,
J. appl. Polymer Sci. 19 (1975) 1147

[23] A. Peterlin,
Textile Res. J. 42 (1972) 20

[24] R. Hosemann,
Chemiefasern 13 (1963) 34, 123, 174, 284, 369

[25] G. Jellinek, W. Ringens und G. Heidemann,
Ber. Bunsenges. physik. Chem. 74 (1970) 924

[26] J.P. Park, W.O. Statton und K.L. de Vries,
Manuskript (1976), im Druck

[27] E. Schwarz,
in: R. Vieweg und A. Müller, Kunststoffhandbuch,
Bd. IV, Polyamide, Carl Hanser Verlag, München (1966)

[28] B. D'Alo, G. Coppola und B. Pallesi,
Polymer 15 (1974) 130

[29] A. Reichle und A. Prietzschk,
Angew. Chem. 74 (1962) 562

[30] G. Gurato, A. Fichera, F.Z. Grandi, F. Zannetti und
P. Canal,
Makromolekulare Chem. 175 (1974) 953

[31] A.V. Kuiklis, E.E. Tornau, A.N. Macjulis, V.S. Marklin,
Ju. Moisew und G.E. Zaikov,
Sowj. Beitr. Faserforsch. und Textiltechn. 10 (1973) 68

[32] M.J. Forster,
Textile Res. J. 38 (1968) 474

[33] G. Heidemann,
Chemiefasern 20 (1970) 204

[34] K. Kato,
Melliand Textilber. 46 (1965) 173

[35] K. Schwertassek,
Textil-Praxis 12 (1957) 874

[36] H.A. Stuart, D. Jeschke und G. Markowski,
Materialprüfung 6, 3 (1964) 77

[37] J.B. Howard,
in: Crystalline Olefine Polymers, Part II, Hrsg.
R.A.V. Raff und K.W. Doak, New York,
Interscience Publishers (1964) 47

[38] R.P. Kambour,
J. Polymer Sci., Macromolecular Reviews, 7 (1973) 1

[39] F. Fischer
in: Korrosion 20, Hrsg. H.A. Stuart, Verlag Chemie,
Weinheim/Bergstr. (1967) 15

[40] A.H. Henning, K. Krekeler, G. Menges und F. Mittrop,
Forsch.-Ber. Landes Nordrhein-Westfalen Nr. 1747,
Westdeutscher Verlag, Köln-Opladen (1966)

[41] C. Ruscher und J. Dechant,
Faserforsch. u. Textiltechn. 13 (1962) 166

[42] C. Ruscher und J. Dechant,
Faserforsch. u. Textiltechn. 13 (1962) 203

[43] R. Buchdahl und D.A. Zaukelies,
Angew. Chem. 74 (1962) 569

[44] A. Peterlin und H.G. Olf,
Polymer 14 (1973) 78

[45] J.A. Sauer, J. Marin und C.C. Hsiao,
J. appl. Phys. 20 (1949) 507

[46] C.C. Hsiao und J.A. Sauer,
J. appl. Phys. 21 (1950) 1071

[47] B. Maxwell und L.F. Rahm,
Ind. and Eng. Chem. 41 (1949) 1988

[48] W. Brenschede,
Kolloid-Z. 114 (1949) 35

[49] A.N. Gent,
J. Materials Sci. 5 (1970) 925

[50] R.P. Kambour,
Polymer 5 (1964) 143

[51] G.A. Lebedev und E.V. Kuvshinskii,
Soviet Phys. Solid State 3 (1962) 1947

[52] M. Matsuo, T.T. Wang und T.K. Kwei,
J. Polymer Sci., Part A-2, 10 (1972) 1085

[53] D.R. Mears und K.F. Pae,
J. Polymer Sci., Part B, 7 (1969) 349

[54] J. Spurr und O.K. Niegisch,
J. appl. Polymer Sci. 6 (1962) 585

[55] J.N. Sultan und F.J. McGarry,
Polymer Eng. Sci. 13 (1973) 29

[56] S.S. Sternstein und L. Ongchin,
Polymer Preprints, Am. Chem. Div. Polymer Chem. 10, 2 (1969) 1117

[57] T.T. Wang, M. Matsuo und T.K. Kwei,
J. appl. Phys. 42 (1971) 4188

[58] W.B. Klemperer
Stress Pattern Crazing
in: Theodore von Kámán Anniversary Volume,
Appl. Mech. (1941) 328

[59] P. Beardmore und S. Rabinowitz,
J. Mat. Sci. 7 (1972) 720

[60] S.N. Zhurkov, V.A. Zaurevskii und V.W. Korsukov,
J. Polymer Sci., Part A-2, 10 (1972) 1509

[61] J.P. Berry,
J. Polymer Sci., Part A-2 (1964) 4069

[62] L.J. Broutmann und T. Kobayashi,
Report AMM RC CR 71 - 74
Army Materials and Mechanics Research Center,
Watertown, Mass. (1971)

[63] A.A. Griffith,
Phil. Trans. Roy. Soc. London A, 221 (1921) 163

[64] A.A. Griffith,
Proc. Int. Cong. Appl. Mech., Delft (1924) 55

[65] G.R. Irwin,
Fracture, Handbuch der Physik 6 (1958) 551

[66] D.S. Dugdale,
J. Mech., Phys, Solids 8 (1960) 100

[67] H. Neuber,
Kerbspannungslehre, J. Springer, Berlin (1937) 142

[68] K.L. de Vries und M.L. Williams,
J. Macromol. Sci.-Phys. B 8 (3-4) (1973) 691

[69] S. Kaufmann,
Faserforsch. u. Textiltechn. 22 (1971) 463

[70] S. Kaufmann,
Faserforsch. u. Textiltechn. 22 (1971) 495

[71] O.Ph. Kireenko, V.A. Marichin, L.P.Miasnikova und
V.R. Regel,
J. Polymer Sci., Part C-38 (1972) 363

[72] W. Bobeth und R.D. Reumann,
Faserforsch. u. Textiltechn. 27 (1976) 87

[73] B.C. Goswami und J.W.S. Hearle,
Textile Res. J. 46 (1976) 55

[74] C.D. Weiske,
Kunststoffe 54 (1964) 626

[75] P. Dunn und G.F. Sansom,
J. appl. Polymer Sci. 13 (1969) 1641

[76] P. Dunn und G.F. Sansom,
J. appl. Polymer Sci. 13 (1969) 1656

[77] P. Dunn und G.F. Sansom,
J. appl. Polymer Sci. 13 (1969) 1673

[78] H.A. Stuart, G. Markowski und D. Jeschke,
Kunststoffe 54 (1964) 618

[79] G. Markowski, H.A. Stuart und D. Jeschke,
Materialprüfung 6 (1964) 236

[80] R.L. Bergen,
SPE J. 18 (1962) 667

[81] R.L. Bergen,
SPE J. 24 (1968) 77

[82] G.A. Bernier und R.P. Kambour,
Macromolecules 1 (1968) 393

[83] R.P. Kambour und G.A. Bernier,
Macromolecules 1 (1968) 190

[84] J.C. Devins und C.W. Reed,
"Crazing of Glassy Polymers in Oil-Impregnation Cables"
in: 1970 Annual Report Conference on Electrical Insulation
and Dielectric Phenomena
National Academy of Science, Washington, D.C. (1971)
pp. 86 - 93

[85] S. Raha und P.B. Bowden,
Polymer 13 (1972) 174

[86] P.I. Vincent und K.V. Gotham,
Nature 210 (1966) 1254

[87] E.H. Andrews und L. Bevan,
in: Physical Basis of Yield and Fracture
Conf. Proc. Oxford, 9 (1966), Institute of Physics and
Phys. Soc., London, 209

[88] E.H. Andrews und L. Bevan,
Polymer 13 (1972) 337

[89] G.P. Marshall, L.E. Culver und J.G. Williams,
Proc. Royal Soc., London, Ser. A 319 (1970) 165

[90] V.R. Regel,
J. Techn. Phys. (USSR) 26 (1956) 359
engl.: Techn. Phys. (USSR) 1 (1956-57) 353

[91] J.F. Rudd,
J. Polymer Sci. B 1 (1963) 1

[92] D.P. Thomas und R.S. Hagan,
Polymer Eng. Sci. 9 (1969) 164

[93] R.F. Boyer und H. Keskkula,
in: "Styrene Polymers",
Encycl. of Polymers Sci. and Techn., N.M. Bikales,
Ed. John Wiley & Sons, New York, Vol. 13 (1970) 382

[94] G.E. Fulmer,
Polymer Eng. Sci. 7 (1967) 280

[95] R.E. Robertson,
J. Adhesion 4 (1972) 1

[96] R.E. Robertson und A.M. Patel,
Polymer Eng. Sci. 12 (1972) 346

[97] A.N. Gent und A.G. Thomas,
J. Polymer Sci., Part A-2, 10 (1972) 571

[98] P. Schlack,
Erfinder (3.2.1941), DRP 737 943, IG-Farben

[99] A. Sippel,
Melliand Textilber. 38 (1957) 898

[100] H. Zahn und G. Satlow,
Melliand Textilber. 39 (1958) 595

[101] E. Naujoks,
Melliand Textilber. 38 (1957) 904

[102] W.H. Sharkey und W.E. Mochel,
J. Amer. chem. Soc. 81 (1959) 3000

[103] E. Mikolajewski, J.E. Swallow und M.W. Webb,
J. appl. Polymer Sci. 8 (1964) 2067

[104] B. Marek und E. Lerch,
J. Soc. Dyers Colourists 81 (1965) 481

[105] H. Herlinger,
private Mitteilung über Untersuchungen zum "Einfluß von Schwermetallionen auf die Autoxidation von Polyamiden"

[106] H. Krüßmann,
Dissertation RWTH Aachen (1969)

[107] G. Valk, G. Heidemann, S. Dugal und H. Krüßmann,
Angew. Makromolekulare Chem. 10 (1970) 135

[108] S.N. Shurkov,A.Ya. Savostin und E.E. Tomaschewskii,
Dokl. Nank SSR 154 (1967) 303

[109] D. Campbell und A. Peterlin,
Polymer Letter 6 (1968) 48

[110] J. Becht und H. Fischer,
Kolloid-Z. und Z. Polymere 240 (1970) 766

[111] H. Krüßmann, G. Valk, G. Heidemann und S. Dugal,
Angew. Chem. 81 (1969) 226
engl: Angew. Chem. Int. Edition 8 (1969) 215

[112] W. Richter, H. Herlinger, P. Schlack und F. Sommermann,
Chemiefasern 20 (1970) 199

[113] R.A. Ford,
J. colloid. Sci. 12 (1957) 271

[114] N. Uri,
Chem. & Ind. 1967, 2060

[115] A.T. Betts und N. Uri,
Makromolekulare Chem. 95 (1966) 22

[116] R.N. Vachon, L. Rebenfeld und H.S. Taylor,
Textile Res. J. 35 (1965) 473

[117] E. Elöd und H.G. Fröhlich,
Melliand Textilber. 30 (1949) 103

[118] D.B. Steinhauer,
Dissertation am Textile Research Institute and Princeton University, Princeton, N.J. (1972)

[119] J. Crank,
"The Mathematics of Diffusion", London
Oxford University Press 1956

[120] A. Peterlin,
J. Macromol. Sci. - Phys. B 11 (1) (1975) 57

[121] R. Brill,
Makromolekulare Chem. 18/19 (1956) 294

[122] W. Türk,
Dissertation RWTH Aachen (1976)

[123] H.-J. Berndt,
Dissertation RWTH Aachen (1971)

[124] G. Heidemann, W. Ringens, G. Jellinek und G. Götz,
Chemiefasern/Z.ges.Textilind. 23/75 (1973) 424, 545, 623

[125] E.O. Schmalz und H. Grundke,
Faserforsch. u. Textiltechn. 20 (1969) 377

[126] R.M. Barrer,
Nature, London 140 (1937) 106

[127] H.S. Carslaw und J.C. Jaeger,
Conduction of Heat in Solids, Oxford University Press
(1959) p. 200

[128] Bronstein - Semendjajew
Taschenbuch der Mathematik
Verlag Harri Deutsch, Frankfurt (1969)

[129] Ullmanns Encyklopädie der technischen Chemie,
Urban & Schwarzenberg, München (1951)
3. Aufl., 18. Bd., 417

[130] D. Nissen, V. Roßbach und H. Zahn,
Angew. Chem. 85 (1973) 691

[131] G. Valk, M.-L. Kehren und H.-J. Berndt,
Melliand Textilber. 57 (1976) 500

[132] H.R. Billica, Du Pont, Kinston, N.C.
Private Mitteilung über "Untersuchungen an Polyamid- und Polyesterfasern"

[133] W. Pechhold und S. Blasenbrey,
Angew. Makromolekulare Chem. 22 (1972) 3

[134] W. Brennecke und H. Richter,
Melliand Textilber. 40 (1959) 531

[135] G. Stein,
Dissertation RWTH Aachen 1976

H. Abbildungen

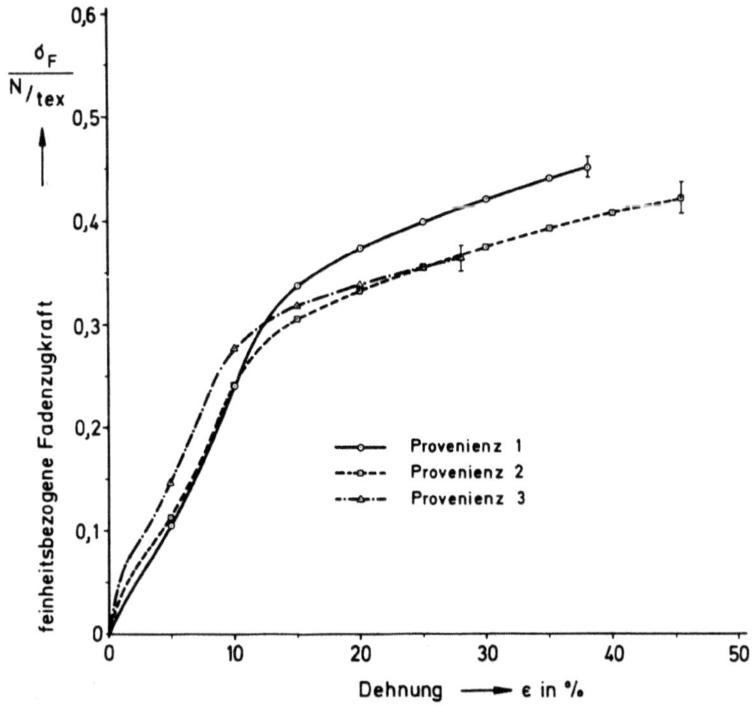

Abb. 1: Kraft-Längenänderungsverhalten von PA-6-Multifilamentgarnen unterschiedlicher Provenienz

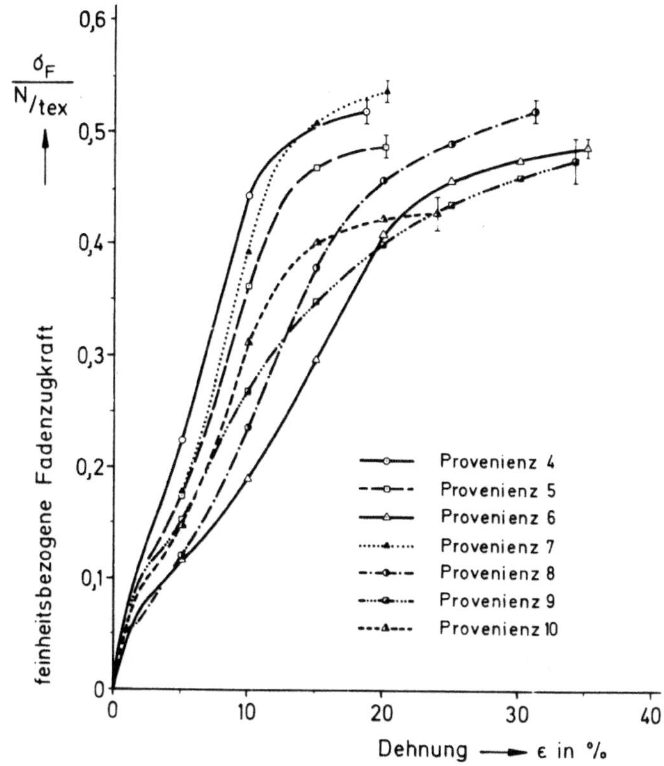

Abb. 2: Kraft-Längenänderungsverhalten von PA-66-Multifilamentgarnen unterschiedlicher Provenienz

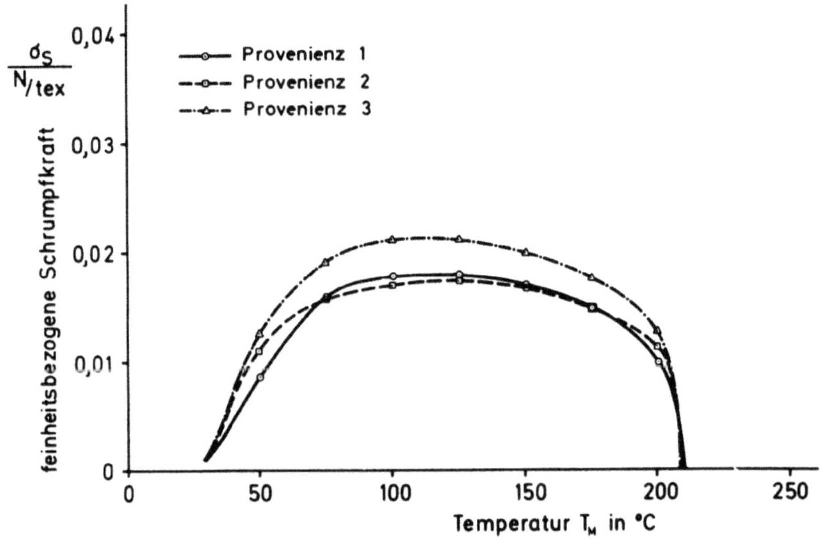

Abb. 3: Das feinheitsbezogene Schrumpfkraft-Temperatur-Verhalten von PA-6-Multifilamentgarnen unterschiedlicher Provenienz

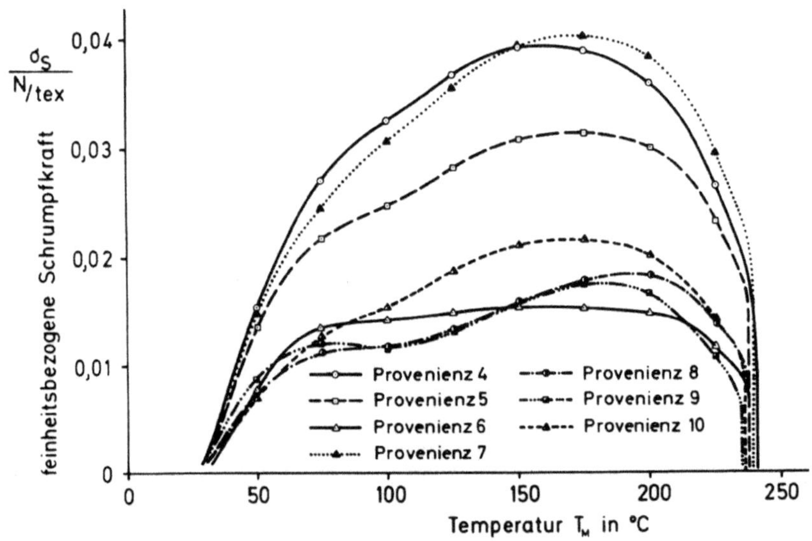

Abb. 4: Das feinheitsbezogene Schrumpfkraft-Temperatur-Verhalten von PA-66-Multifilamentgarnen unterschiedlicher Provenienz

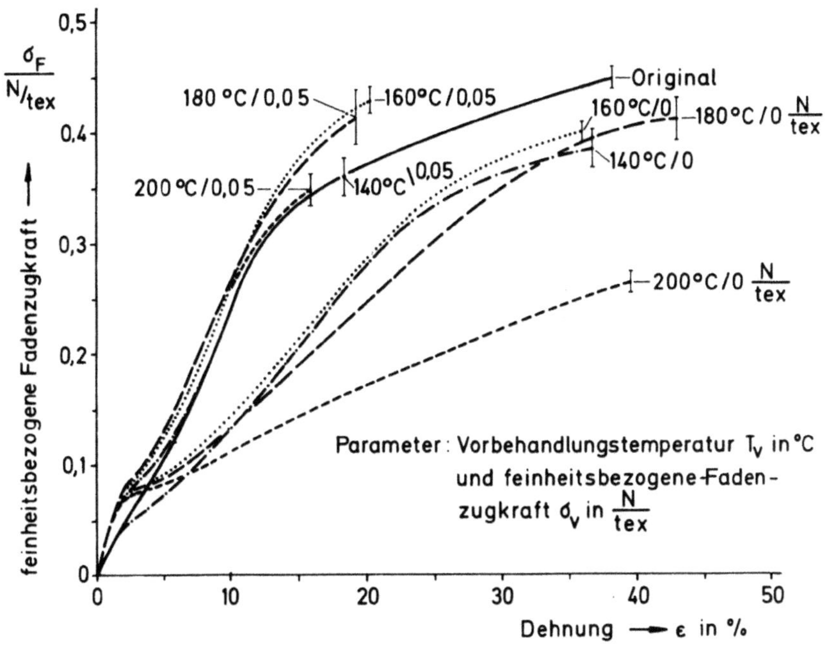

Abb. 5: Die feinheitsbezogenen Fadenzugkräfte der in Heißluft fixierten PA-6-Multifilamentgarne als Funktion der Dehnung

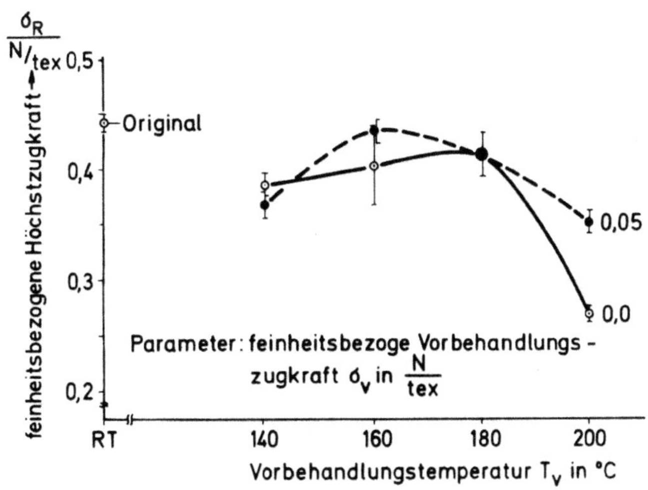

Abb. 6: Feinheitsbezogene Höchstzugkraft von thermo-mechanisch vorbehandelten PA-6-Multifilamentgarnen als Funktion der Vorbehandlungstemperatur und -zugkraft

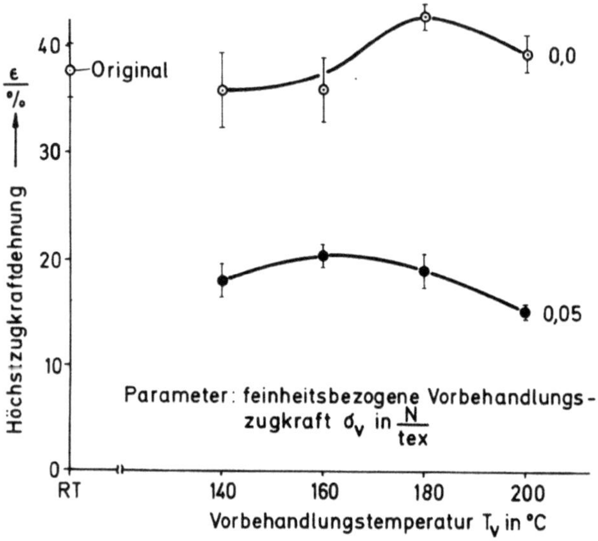

Abb. 7: Die Höchstzugkraftdehnung von thermo-mechanisch vorbehandelten PA-6-Multifilamentgarnen als Funktion der Vorbehandlungstemperatur und -zugkraft

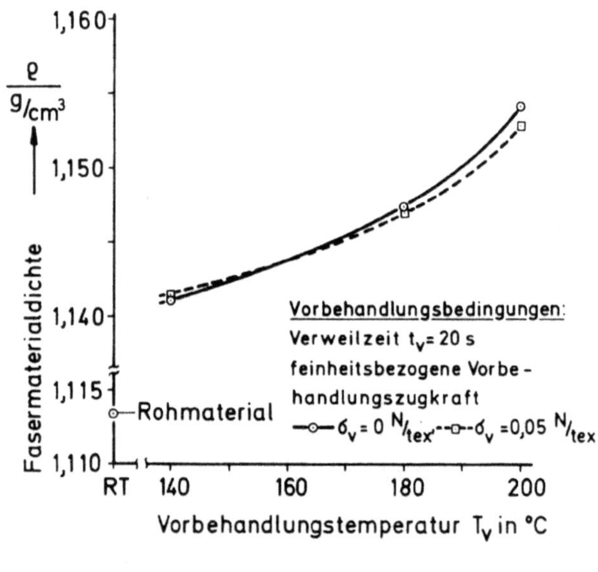

Abb. 8: Dichte von thermo-mechanisch vorbehandelten PA-6-Multifilamentgarnen in Abhängigkeit von der Vorbehandlungstemperatur und -zugkraft

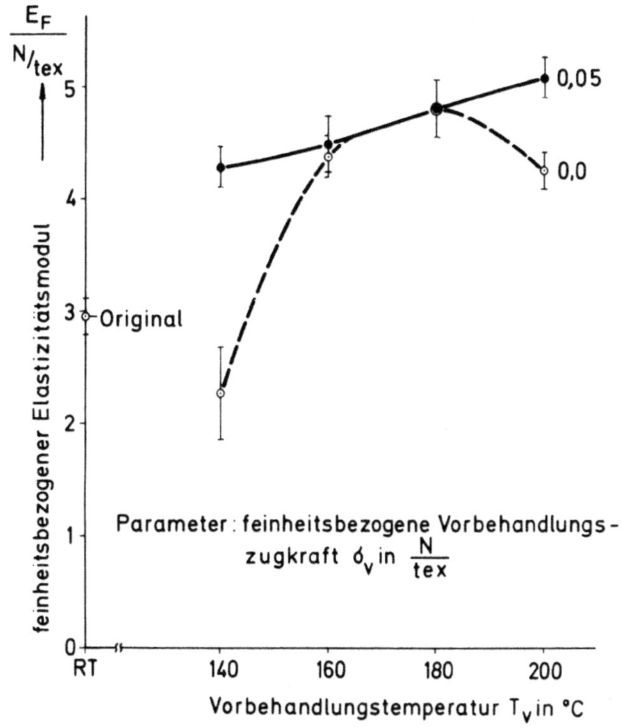

Abb. 9: Feinheitsbezogener E-Modul von thermo-mechanisch vorbehandelten PA-6-Multifilamentgarnen als Funktion der Vorbehandlungstemperatur und -zugkraft

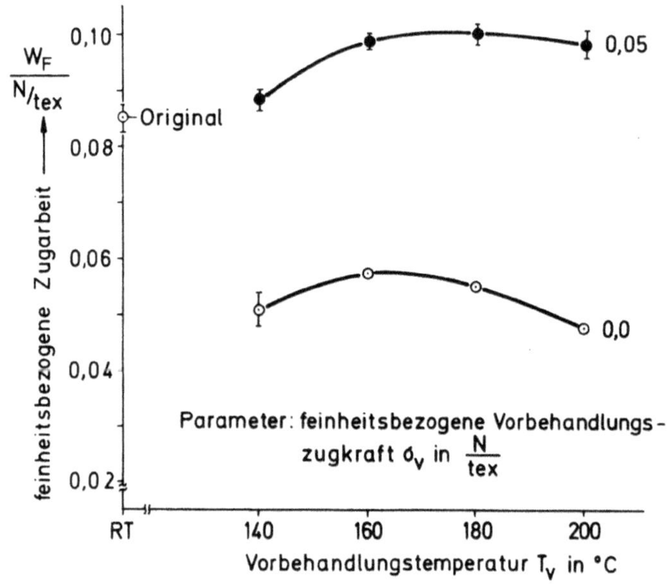

Abb. 10: Zugarbeit zum partiellen Dehnen zwischen 5 und 10 % von thermo-mechanisch vorbehandelten PA-6-Multifilamentgarnen als Funktion von Vorbehandlungstemperatur und -zugkraft

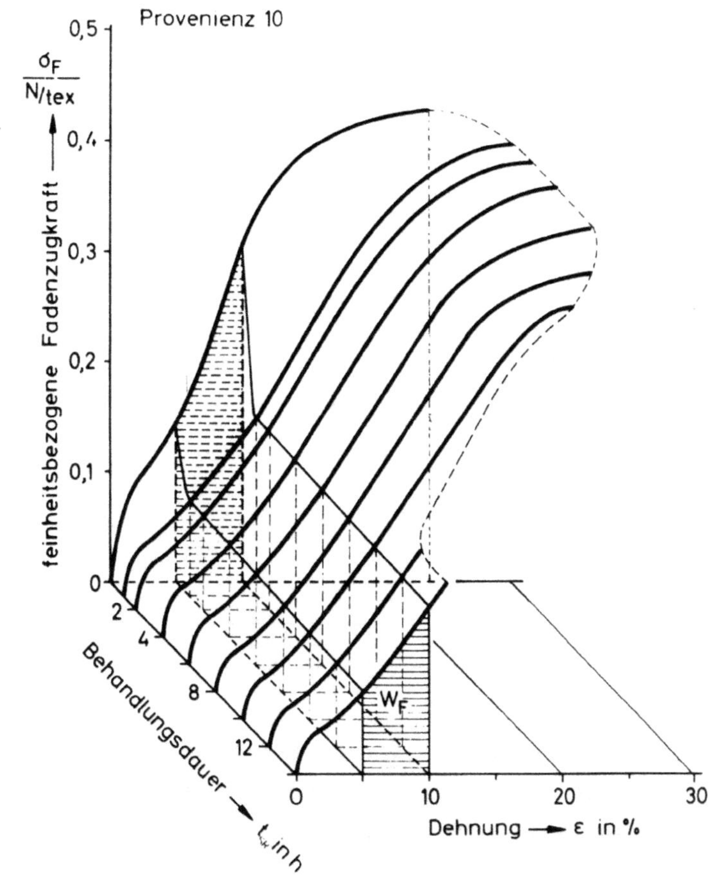

Abb. 11: Kraft-Dehnungsverhalten des PA-66-Multifilamentgarnes der Provenienz 10 als Funktion der Behandlungsdauer

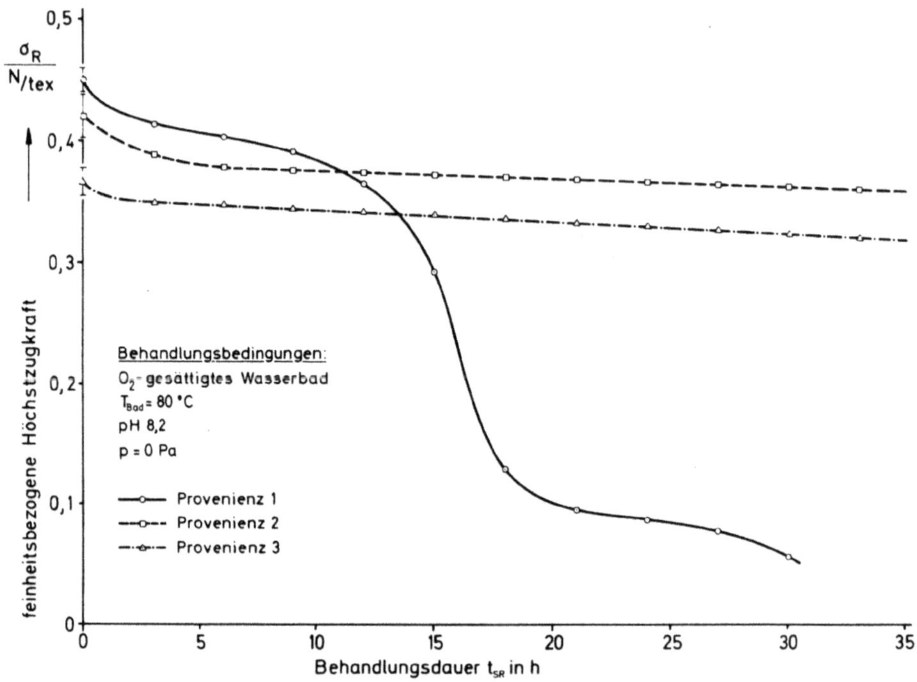

Abb. 12: Die Höchstzugkraft von PA-6-Multifilamentgarnen unterschiedlicher Provenienz als Funktion der Behandlungsdauer bei pH 8,2

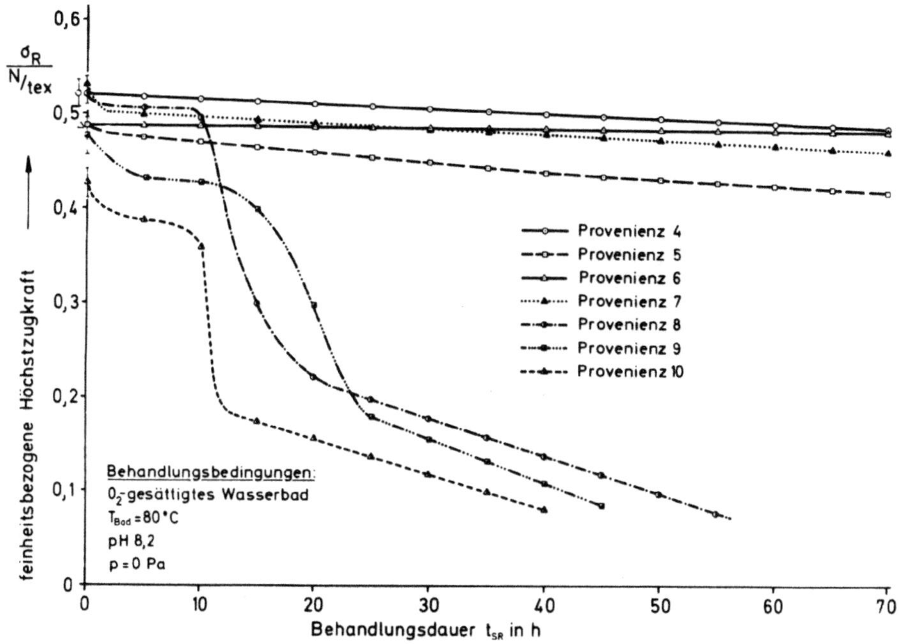

Abb. 13: Die Höchstzugkraft von PA-66-Multifilamentgarnen unterschiedlicher Provenienz als Funktion der Behandlungsdauer bei pH 8,2

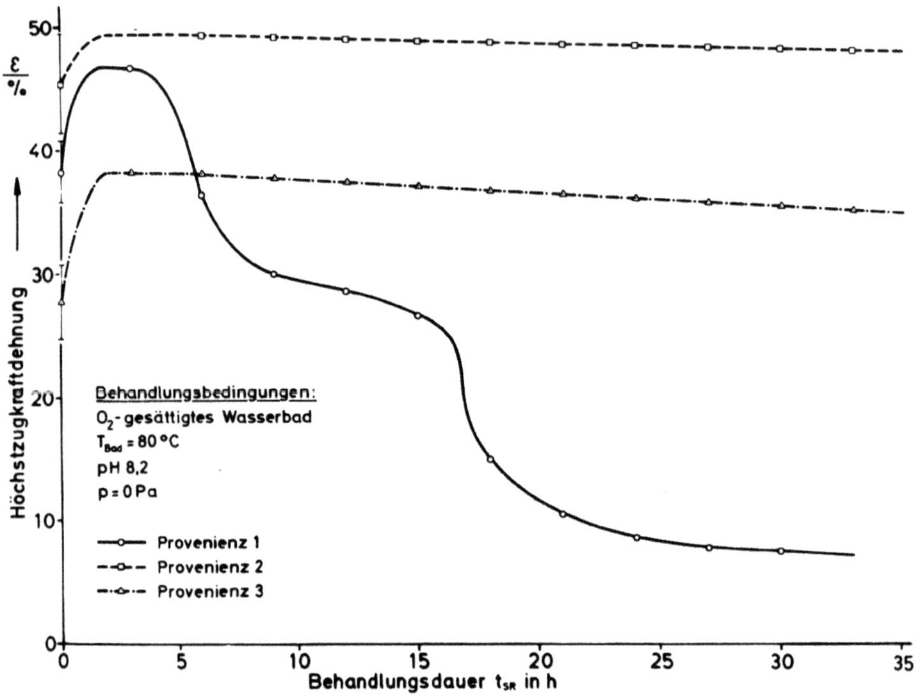

Abb. 14: Die Höchstzugkraftdehnung von PA-6-Multifilamentgarnen unterschiedlicher Provenienz als Funktion der Behandlungsdauer bei pH 8,2

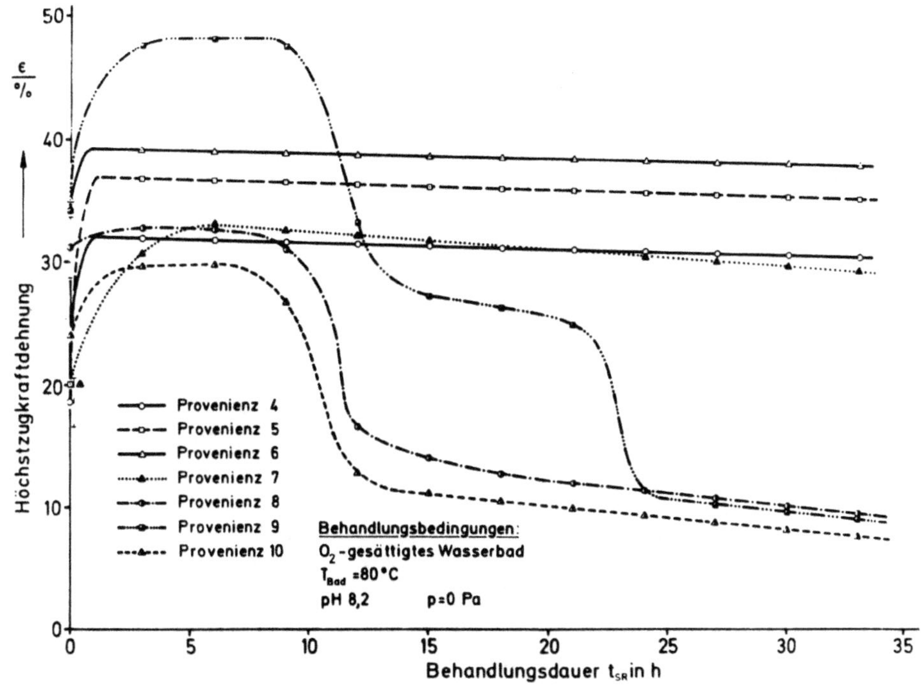

Abb. 15: Die Höchstzugkraftdehnung von PA-66-Multifilamentgarnen unterschiedlicher Provenienz als Funktion der Behandlungsdauer bei pH 8,2

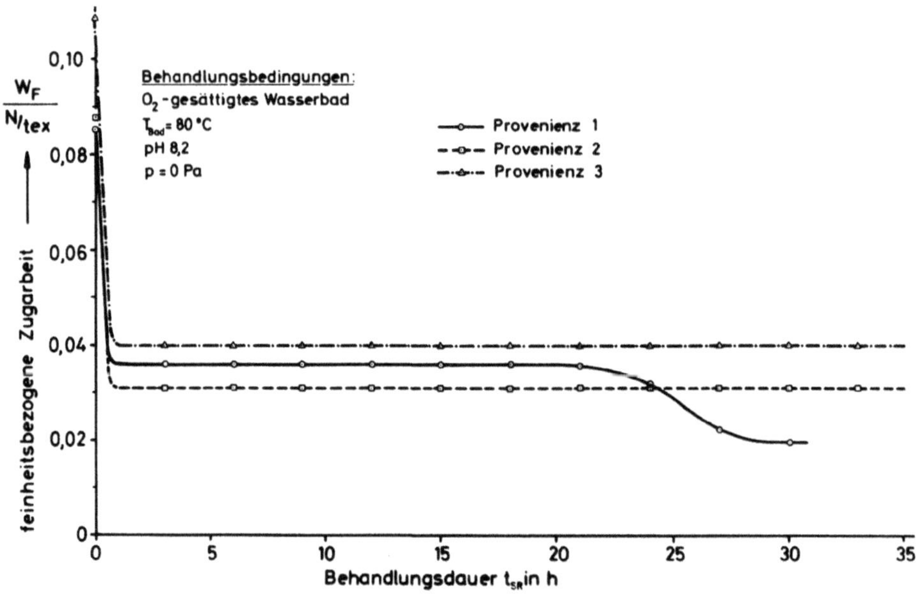

Abb. 16: Die partielle Zugarbeit (5-10 % Dehnung) von PA-6-Multifilamentgarnen unterschiedlicher Provenienz als Funktion der Behandlungsdauer bei pH 8,2

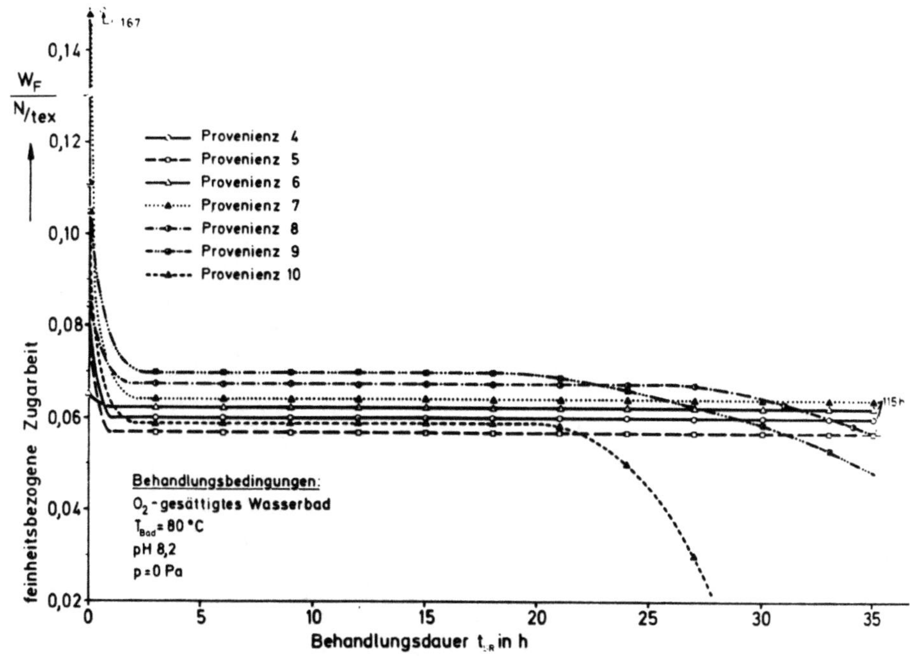

Abb. 17: Die partielle Zugarbeit (5-10 % Dehnung) von PA-66-Multifilamentgarnen unterschiedlicher Provenienz als Funktion der Behandlungsdauer bei pH 8,2

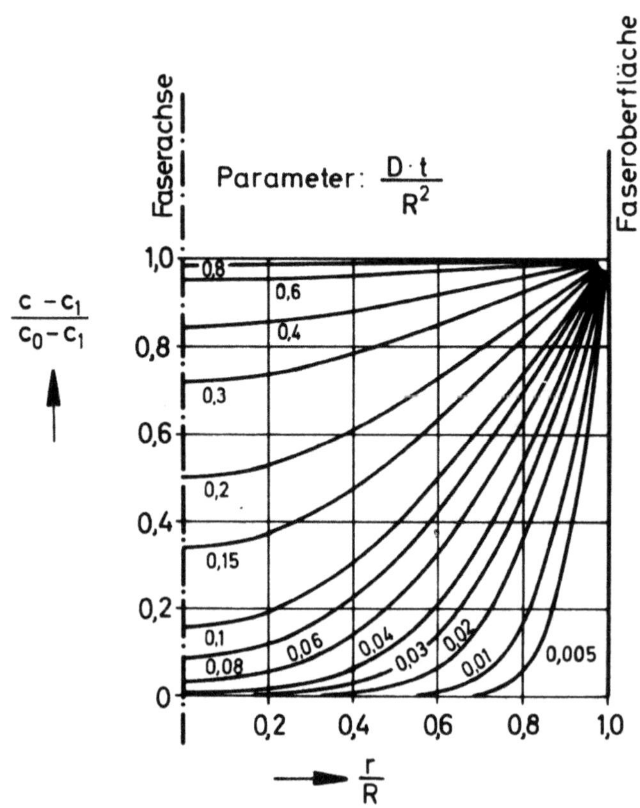

Abb. 18: Zeitliche Veränderung der Fluidkonzentration in einem zylinderförmigen Monofilament bei einem konstanten Diffusionskoeffizienten
Parameter $\frac{D \cdot t}{R^2}$ [127]

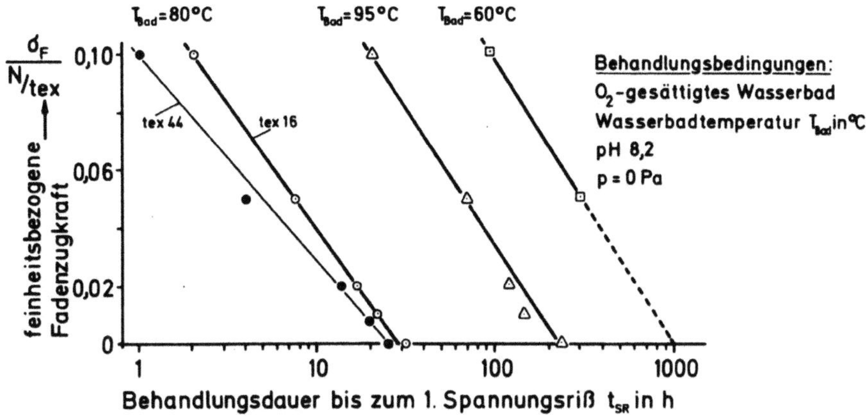

Abb. 19: Die Behandlungsdauer bis zum 1. Spannungsriß als Funktion der Fadenzugkraft bei verschiedenen Temperaturen

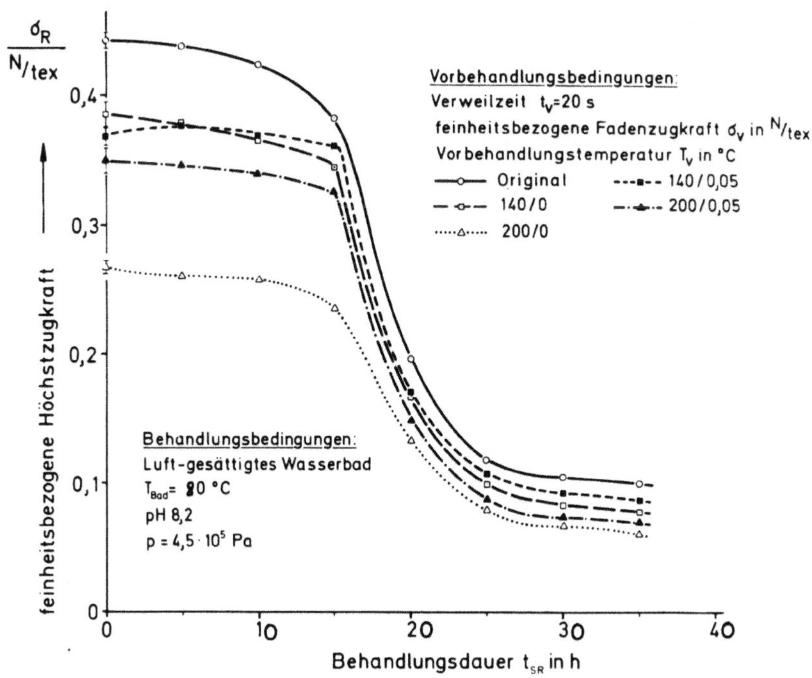

Abb. 20: Die Höchstzugkraft von PA-6-Multifilamentgarnen der Provenienz 1 als Funktion der Behandlungsdauer bei T_{Bad} = 80 °C und p = 4,5·10^5Pa

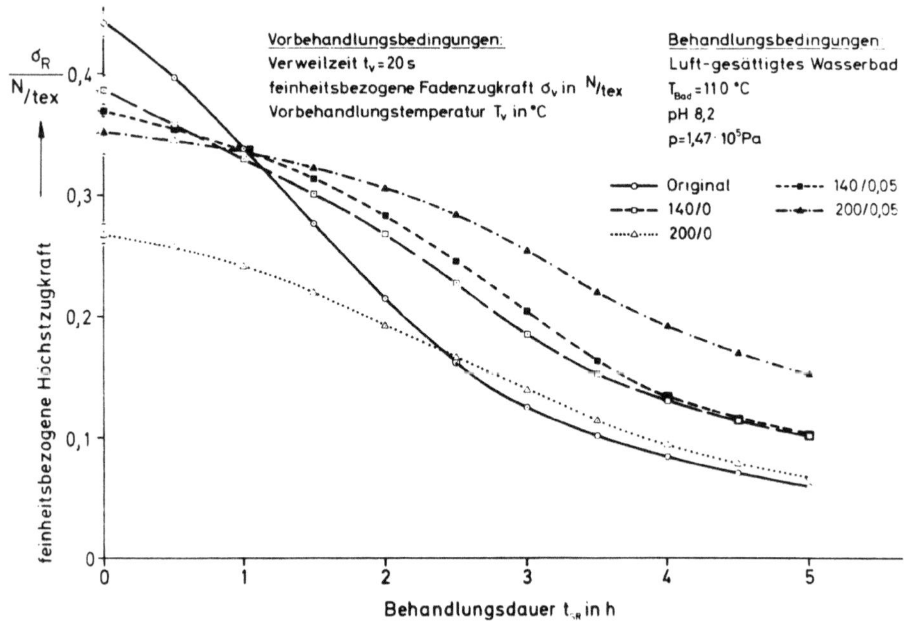

Abb. 21: Die Höchstzugkraft von PA-6-Multifilamentgarnen der Provenienz 1 als Funktion der Behandlungsdauer bei T_{Bad} = 110 °C und p = $1{,}47 \cdot 10^5$ Pa

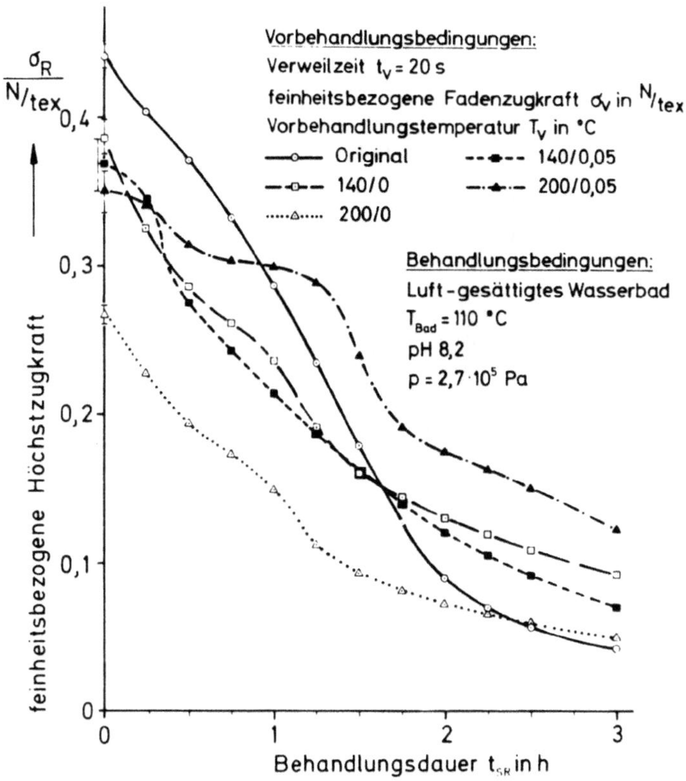

Abb. 22: Die Höchstzugkraft von Pa-6-Multifilamentgarnen der Provenienz 1 als Funktion der Behandlungsdauer bei T_{Bad} = 110 °C und p = 2,7·10^{5}Pa

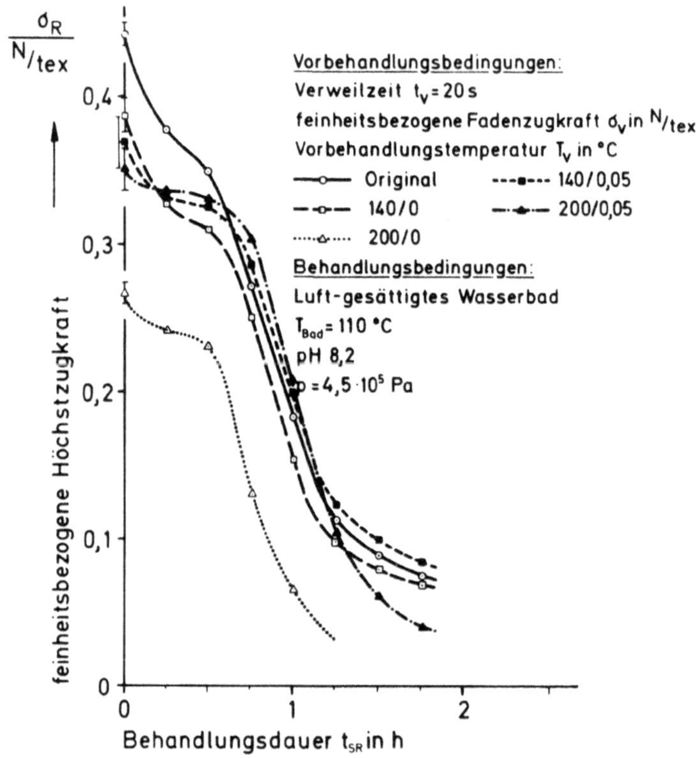

Abb. 23: Die Höchstzugkraft von PA-6-Multifilamentgarnen der Provenienz 1 als Funktion der Behandlungsdauer bei T_{Bad} = 110 °C und p = $4,5 \cdot 10^5$ Pa

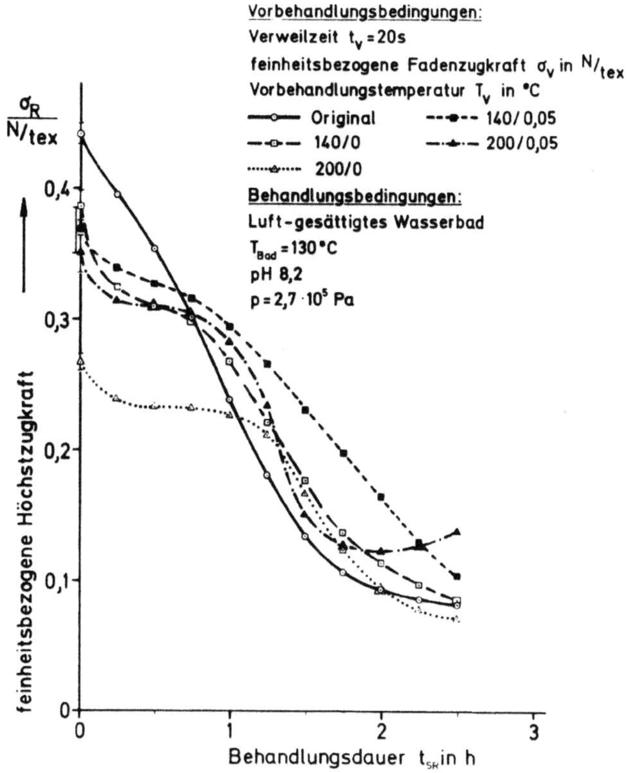

Abb. 24: Die Höchstzugkraft von PA-6-Multifilamentgarnen der Provenienz 1 als Funktion der Behandlungsdauer bei T_{Bad} = 130 °C und p = $2{,}7 \cdot 10^5$ Pa

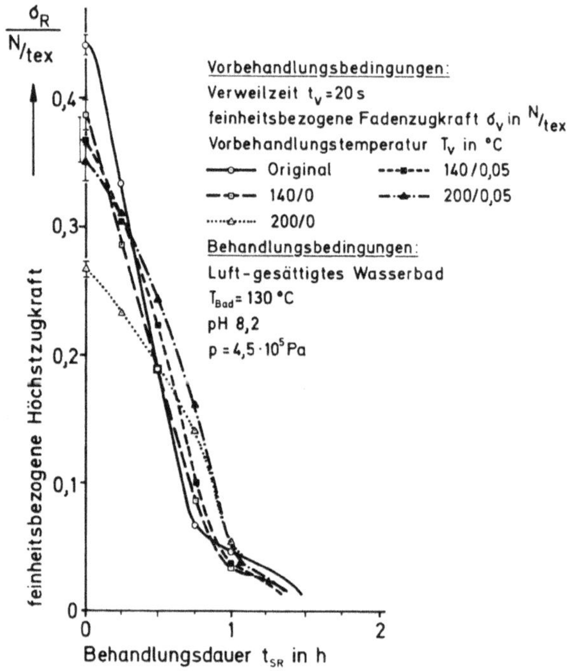

Abb. 25: Die Höchstzugkraft von PA-6-Multifilamentgarnen der Provenienz 1 als Funktion der Behandlungsdauer bei T_{Bad} = 130 ^{o}C und p = 4,5·10^{5}PA

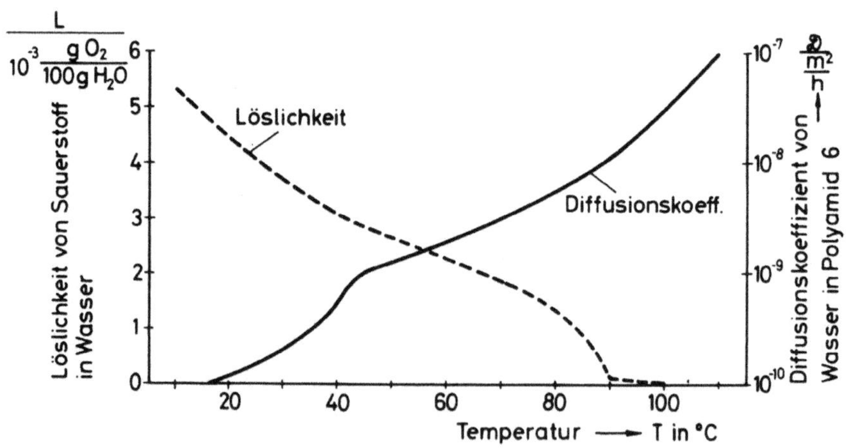

Abb. 26: Löslichkeit von Sauerstoff in Wasser und Diffusionsgeschwindigkeit von Wasser in Polyamid als Funktionen der Temperatur [125,129]

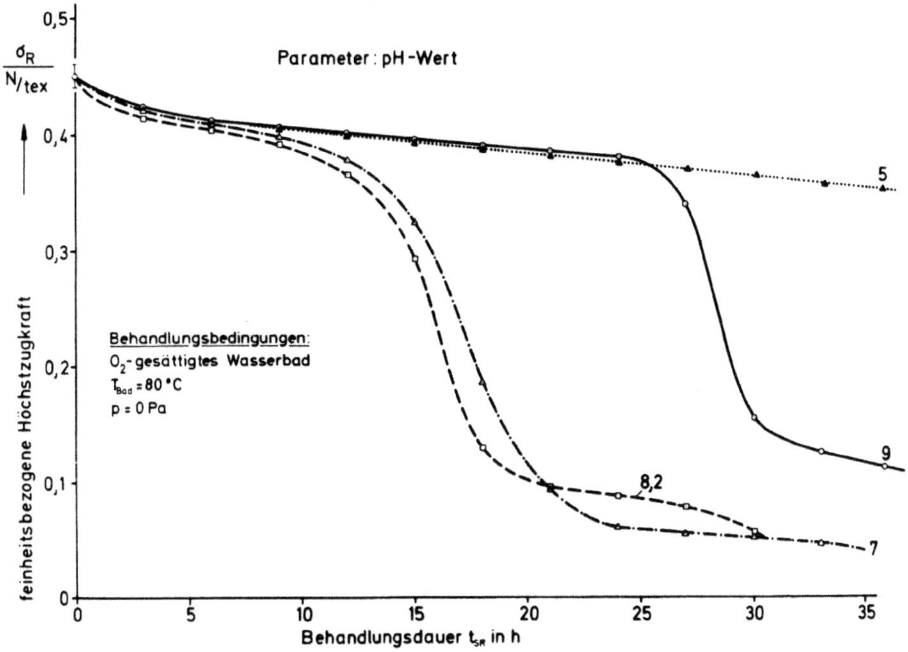

Abb. 27: Die feinheitsbezogene Höchstzugkraft von PA-6-Multifilamentgarnen der Provenienz 1 als Funktion der Behandlungsdauer bei verschiedenen pH-Werten

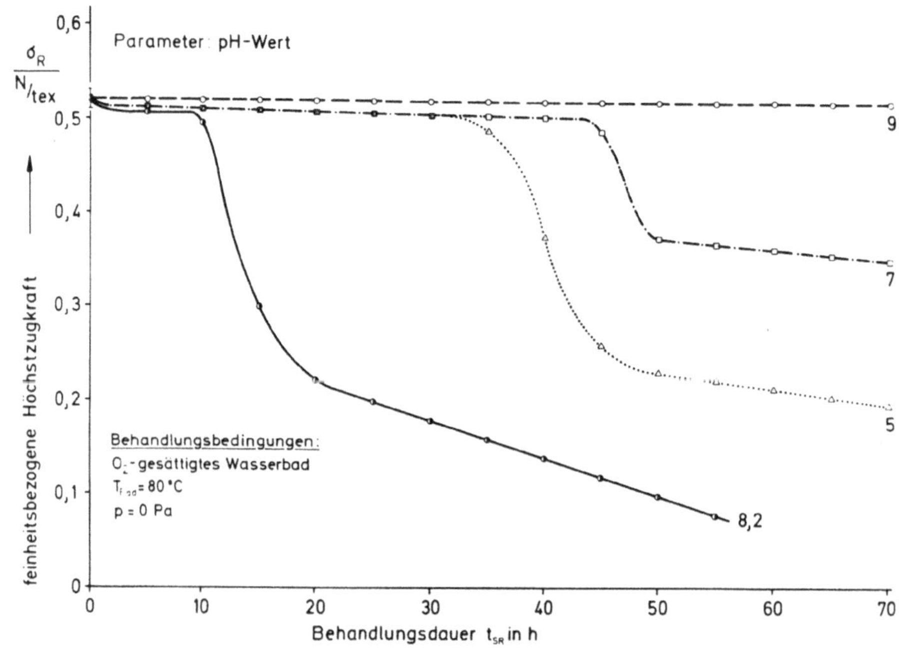

Abb. 28: Die feinheitsbezogene Höchstzugkraft von PA-66-Multifilamentgarnen der Provenienz 8 als Funktion der Behandlungsdauer bei verschiedenen pH-Werten

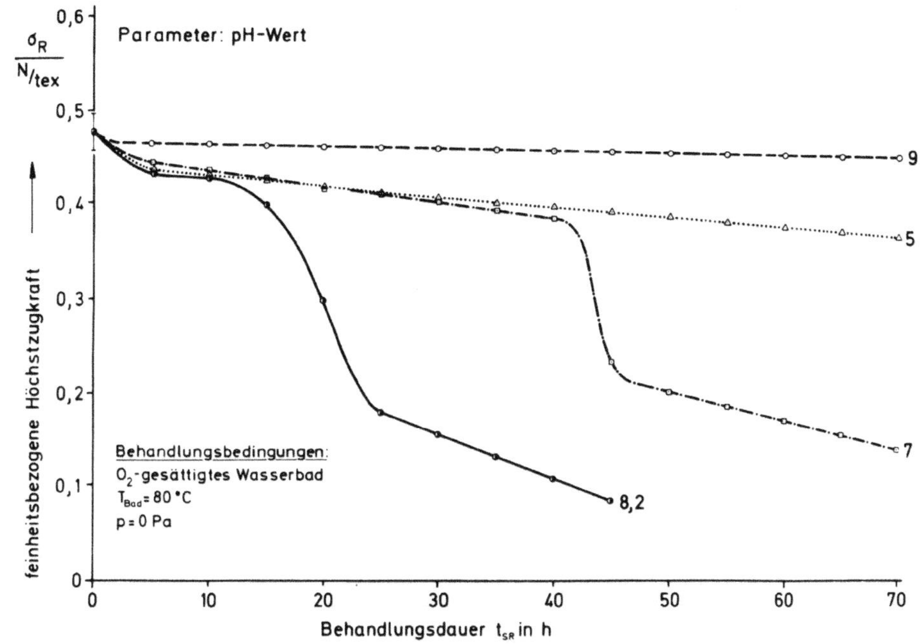

<u>Abb. 29</u>: Die feinheitsbezogene Höchstzugkraft von PA-66-Multifilamentgarnen der Provenienz 9 als Funktion der Behandlungsdauer bei verschiedenen pH-Werten

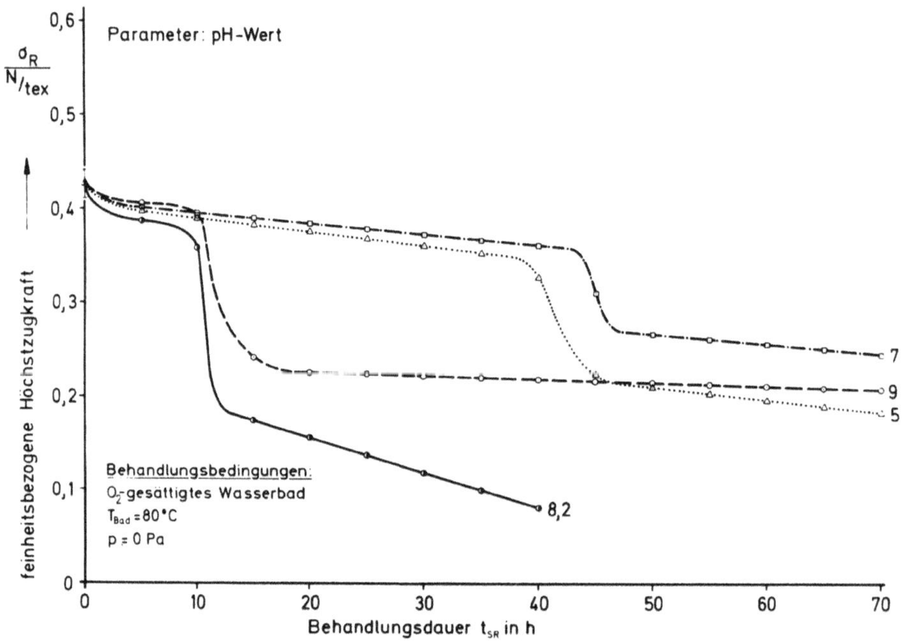

Abb. 30: Die feinheitsbezogene Höchstzugkraft von PA-66-Multifilamentgarnen der Provenienz 10 als Funktion der Behandlungsdauer bei verschiedenen pH-Werten

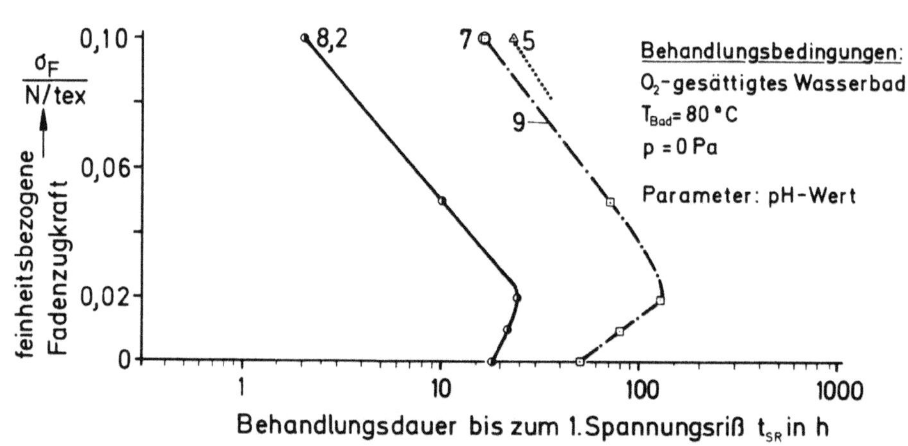

Abb. 31: Die Behandlungsdauer bis zum 1. Spannungsriß als Funktion der Fadenzugkraft von PA-6-Multifilamentgarnen der Provenienz 1 bei verschiedenen pH-Werten

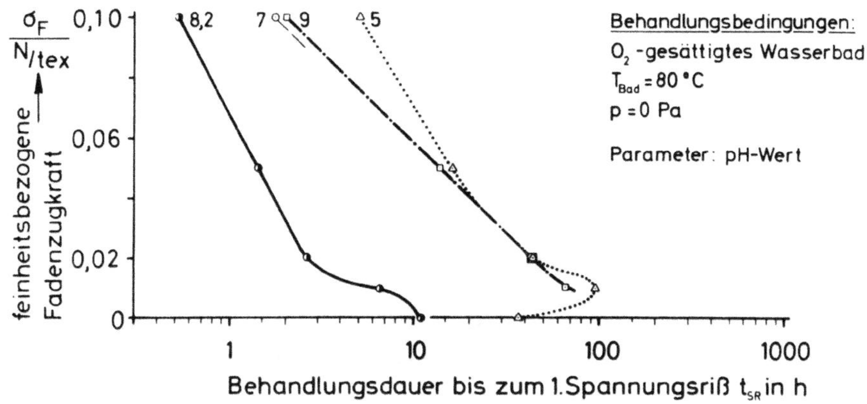

Abb. 32: Die Behandlungsdauer bis zum 1. Spannungsriß als Funktion der Fadenzugkraft von PA-66-Multifilamentgarnen der Provenienz 8 bei verschiedenen pH-Werten

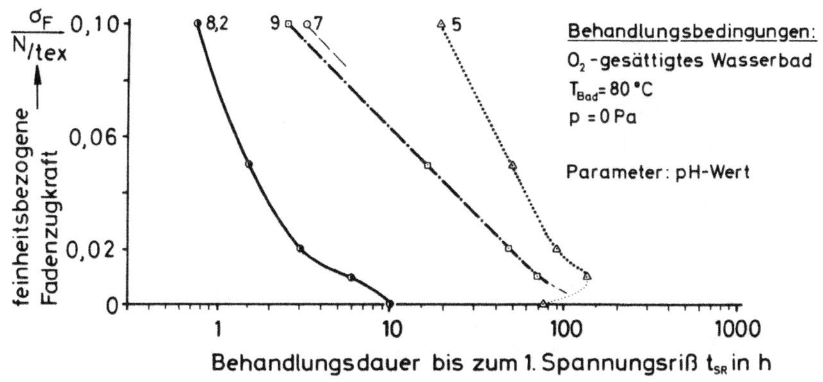

Abb. 33: Die Behandlungsdauer bis zum 1. Spannungsriß als Funktion der Fadenzugkraft von PA-66-Multifilamentgarnen der Provenienz 9 bei verschiedenen pH-Werten

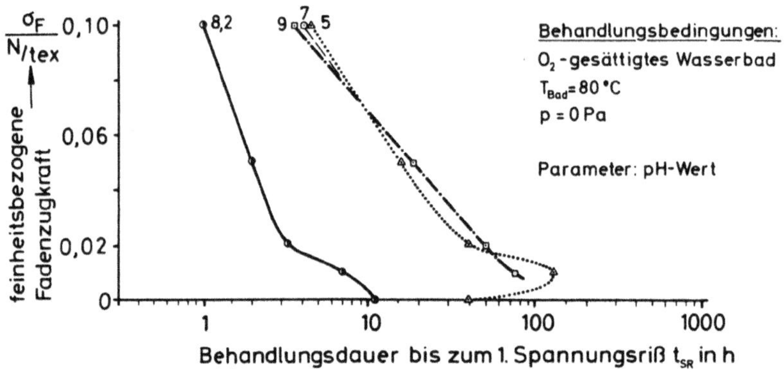

Abb. 34: Die Behandlungsdauer bis zum 1. Spannungsriß als Funktion der Fadenzugkraft von PA-66-Multifilamentgarnen der Provenienz 10 bei verschiedenen pH-Werten

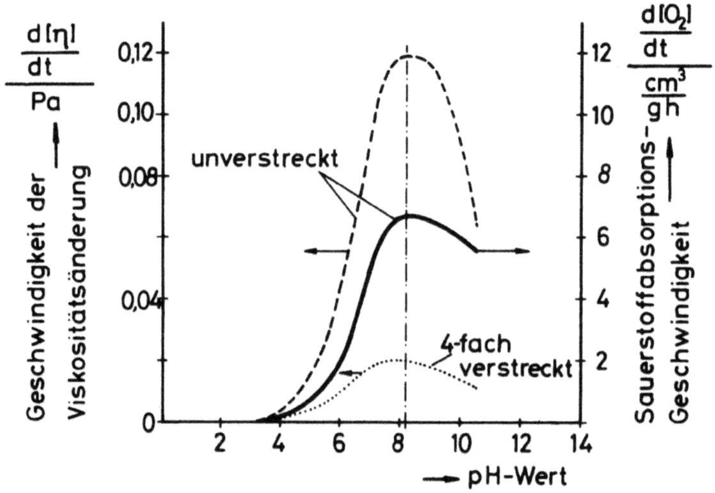

Abb. 35: Sauerstoffabsorptionsgeschwindigkeit von PA-66-Multifilamentgarnen als Funktion des pH-Wertes bei T = 80 °C (tex 5 f 17, 0,025 - 0,04 % TiO_2) [116]

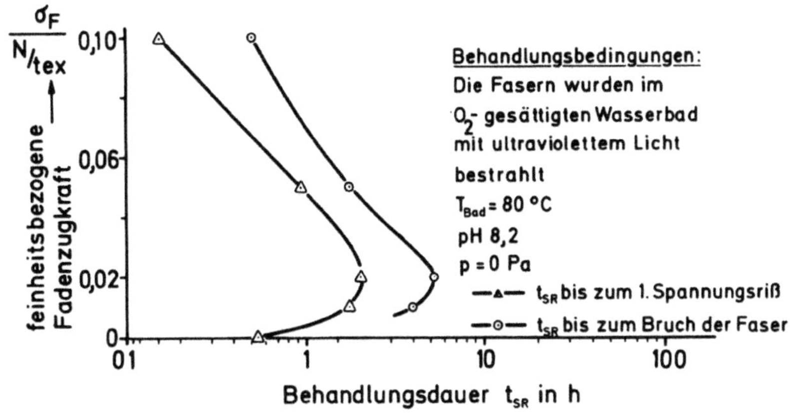

Abb. 36: Die Behandlungsdauer bis zum 1. Spannungsriß bzw. bis zum Bruch des Multifilamentgarnes als Funktion der feinheitsbezogenen Fadenzugkraft bei Bestrahlung mit UV-Licht

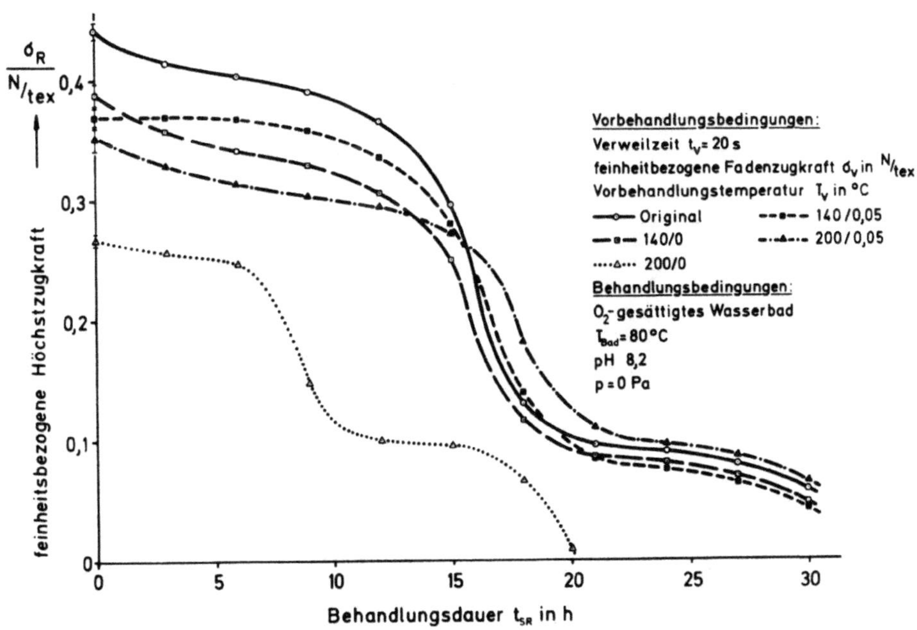

Abb. 37: Die feinheitsbezogene Höchstzugkraft als Funktion der Behandlungsdauer bei thermo-mechanisch vorbehandelten PA-6-Multifilamentgarnen

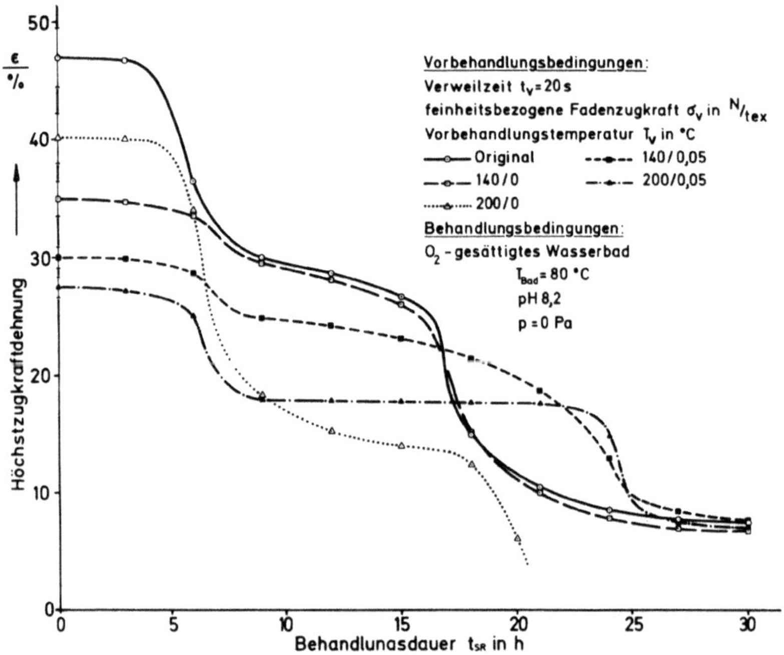

Abb. 38: Die Höchstzugkraftdehnung als Funktion der Behandlungsdauer bei thermo-mechanisch vorbehandelten PA-6-Multifilamentgarnen

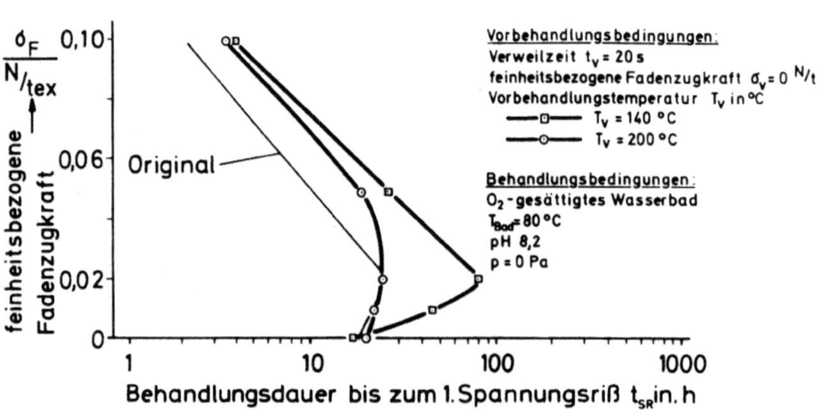

Abb. 39: Die Behandlungsdauer bis zum 1. Spannungsriß als Funktion der feinheitsbezogenen Fadenzugkraft bei thermomechanisch spannungslos vorbehandelten PA-6-Multifilamentgarnen

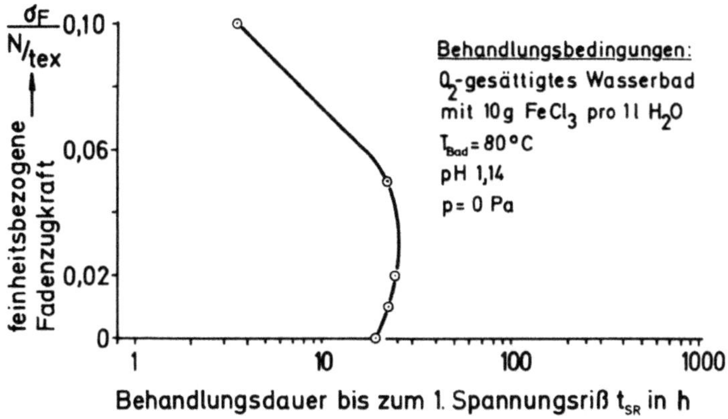

Abb. 40: Behandlungsdauer bis zum 1. Spannungsriß als Funktion der feinheitsbezogenen Fadenzugkraft bei Zusatz von Eisen(III)-chlorid

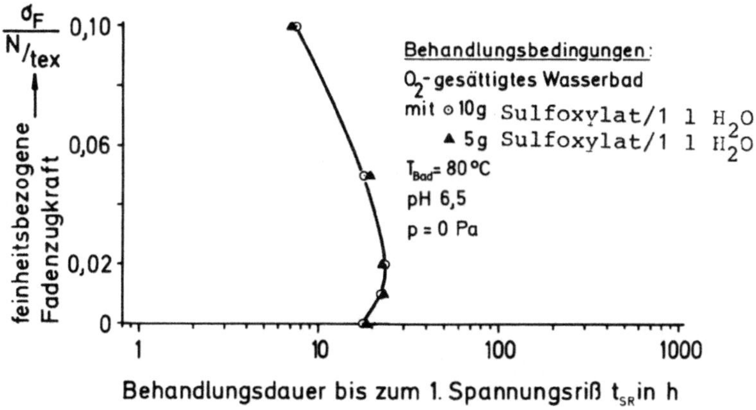

Abb. 41: Behandlungsdauer bis zum 1. Spannungsriß als Funktion der feinheitsbezogenen Fadenzugkraft bei Zusatz von Sulfoxylat

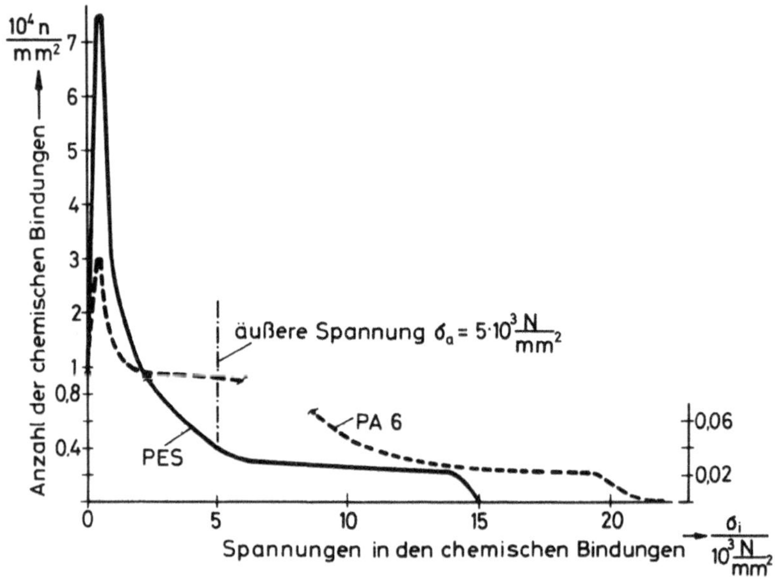

Abb. 42: Verteilung der Spannungen in den Kettenmolekülen [108]

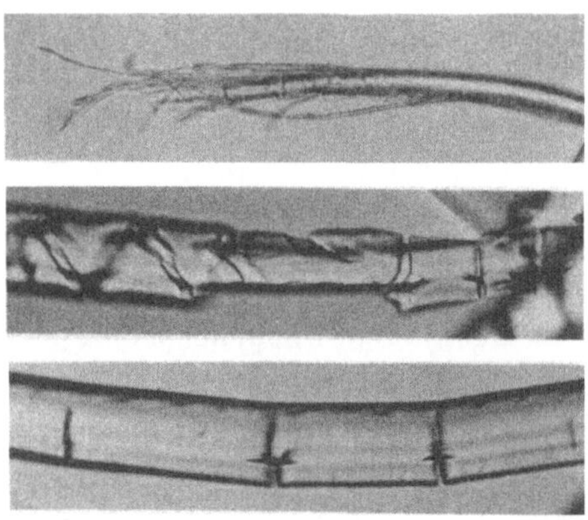

a ≙ spannungslos

b ≙ σ_F = 0,02 N/tex

c ≙ σ_F = 0,1 N/tex

Abb. 43: Beispiele von Rißlagen an Polyamid-6-Fasern, die unter verschiedenen Fadenzugkräften behandelt wurden

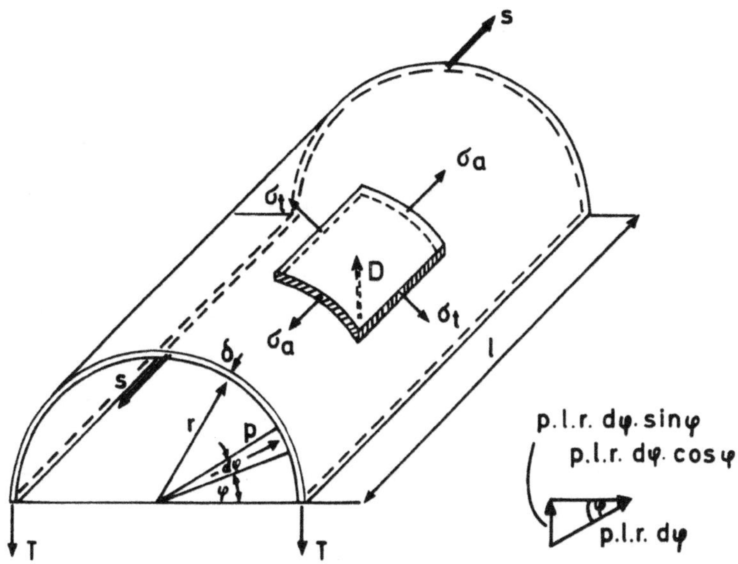

Abb. 44: Abschnitt einer Faser mit Kern-Mantel-Struktur

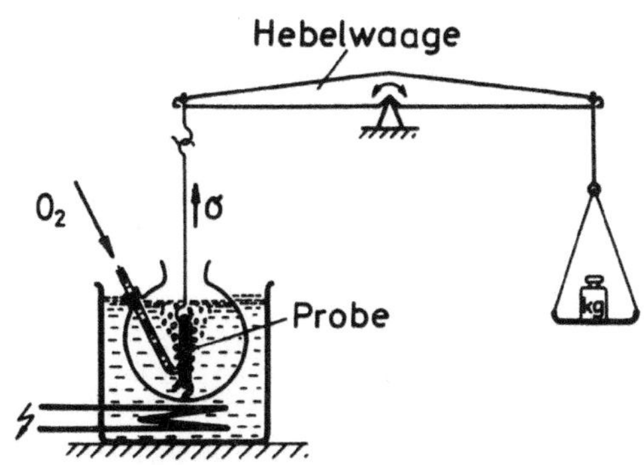

bb. 45: Schematischer Aufbau der Versuchsanlage zur Erzeugung von Spannungsrißkorrosion

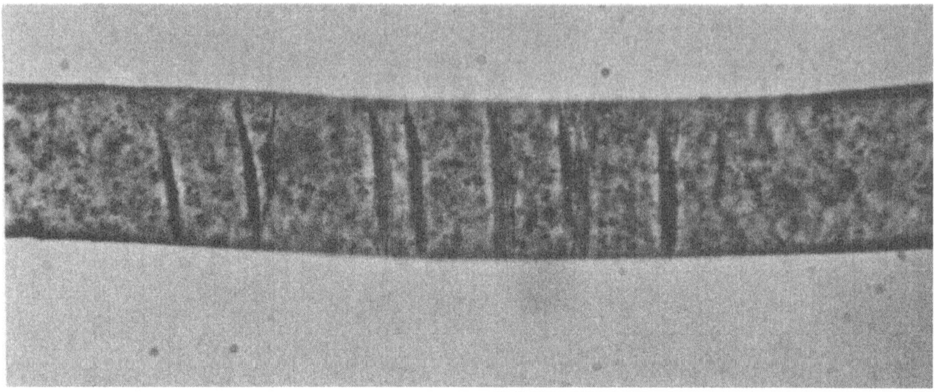

Abb. 46: Im Umlufttrockenschrank durch Spannungsrißkorrosion geschädigte Polyesterfaser
Bei T_L = 230 °C spannungslos behandelt

FORSCHUNGSBERICHTE
des Landes Nordrhein-Westfalen

Herausgegeben
im Auftrage des Ministerpräsidenten Heinz Kühn
vom Minister für Wissenschaft und Forschung Johannes Rau

Die »Forschungsberichte des Landes Nordrhein-Westfalen« sind in zwölf Fachgruppen gegliedert:

Wirtschafts- und Sozialwissenschaften
Verkehr
Energie
Medizin/Biologie
Physik/Mathematik
Chemie
Elektrotechnik/Optik
Maschinenbau/Verfahrenstechnik
Hüttenwesen/Werkstoffkunde
Metallverarb. Industrie
Bau/Steine/Erden
Textilforschung

Die Neuerscheinungen in einer Fachgruppe können im Abonnement zum ermäßigten Serienpreis bezogen werden. Sie verpflichten sich durch das Abonnement einer Fachgruppe nicht zur Abnahme einer bestimmten Anzahl Neuerscheinungen, da Sie jeweils unter Einhaltung einer Frist von 4 Wochen kündigen können.

WESTDEUTSCHER VERLAG
5090 Leverkusen 3 · Postfach 300 620

GPSR Compliance

The European Union's (EU) General Product Safety Regulation (GPSR) is a set of rules that requires consumer products to be safe and our obligations to ensure this.

If you have any concerns about our products, you can contact us on ProductSafety@springernature.com

In case Publisher is established outside the EU, the EU authorized representative is:

Springer Nature Customer Service Center GmbH
Europaplatz 3
69115 Heidelberg, Germany

Batch number: 10584556

Printed by Printforce, the Netherlands